人生需要持续晋级

Step Up Your Game

苏文——著

四川文艺出版社

图书在版编目（CIP）数据

人生需要持续晋级 / 苏文著 . -- 成都 : 四川文艺出版社 , 2021.7

ISBN 978-7-5411-6035-6

Ⅰ . ①人… Ⅱ . ①苏… Ⅲ . ①成功心理—通俗读物
Ⅳ . ① B848.4-49

中国版本图书馆 CIP 数据核字 (2021) 第 098861 号

RENSHENG XUYAO CHIXU JINJI

人生需要持续晋级

苏文 著

出 品 人　张庆宁
出版统筹　众和晨晖
选题策划　关　耳
责任编辑　彭　炜
责任校对　汪　平
封面设计　吴思龙 @4666 啊
版式设计　孙　波

出版发行　四川文艺出版社（成都市槐树街 2 号）
网　　址　www.scwys.com
电　　话　028-86259287（发行部）　028-86259303（编辑部）
传　　真　028-86259306

邮购地址　成都市槐树街 2 号四川文艺出版社邮购部 610031
印　　刷　大厂回族自治县德诚印务有限公司
成品尺寸　145mm × 210mm　　开　　本　32 开
印　　张　8　　字　　数　160 千
版　　次　2021 年 7 月第一版　　印　　次　2021 年 7 月第一次印刷
书　　号　ISBN 978-7-5411-6035-6
定　　价　49.80 元

目录

CONTENTS

CHAPTER 1

人生需要不断进阶

002 认真，你就赢了
007 增强你的不可替代性
012 一线城市竞争指南
017 你与人生赢家的一师之差
022 成功人士的十个习惯

CHAPTER 2

向上管理你的老板

028 脱颖而出的法宝
034 与不同风格的老板的相处之道
039 你与老板的友情
045 巧谏言之法
050 极品老板与升职加薪之路

目录

人生需要持续晋级

RENSHENG XUYAO CHIXU JINJI

CONTENTS

CHAPTER 3

纵向发展你的职场

056 升职加薪的谈判

061 稳坐职位之法

067 化危机为转机

071 跳槽的前期准备

077 揭秘顶级投行面试

CHAPTER 4

情商和情绪决定你人生的高度

084 保养你的朋友圈

090 努力与说话技巧

095 处理好情绪，再处理问题

100 “饭商”

104 个人品牌

CHAPTER 5

时间管理让我快速成长

112 时间——新时代的货币
118 论守时的重要性
123 可怜自己不如武装自己
128 做自己生活的主人
135 我的日程表

CHAPTER 6

“身、心、灵”的修炼

142 保养你的身体
149 滋润你的内心
156 丰富你的灵魂
163 伴侣——你事业和生活的合伙人
169 内外兼修，相由心生

目录

人生需要持续晋级

RENSHENG XUYAO CHIXU JINJI

CONTENTS

CHAPTER 7

这是女性最好的时代

176 爱笑的女孩儿与运气
181 当上升期的事业遇到怀孕
186 切好你的饼
192 给孩子最好的礼物是什么
197 福布斯榜上的女性

CHAPTER 8

那些关于我的标签

210 北大学霸：一塔湖图，我心中永远的那方净土
218 华尔街之狼：投行人的生活
225 门萨会员：高智商人的智商税
234 香港小姐：比投行更辛苦的是选美
240 二胎妈妈：我遇见了更好的自己

第一章

Chapter I

人生需要

不断　进阶

认真，你就赢了

站在TEDx的演讲台上，聚光灯让我的双眼有些眩晕。

但我很享受这样的感觉。毕竟适度的紧张，对产生高效率的最佳状态有奇效。

当时台下有500多名观众，我看到前排观众的眼中充满了渴望，也看到过道和入场门口都坐满了人。

上台前，我悄悄走到编导身边，问她我是否可以多做一次彩排。

编导看看我说："苏文老师应该是见惯大场面的人了吧，还需要彩排吗？"

说实话，每次上节目前的那个晚上，我都会彻夜难眠。我并不担心忘记台词会影响形象，而是在床上望着天花板，一次次地琢磨我要分享的内容，到底能否达到观众的期待值——或者换句话说，是否能够带给观众价值。

TED每年在美国加州的蒙特利大会，都会邀请影响世界的人物来分享他们的想法，包括微软总裁比尔·盖茨、美国政治人物及环境学家阿尔·戈尔、英国生物学家珍·古道尔、美国作家伊丽莎白·吉尔伯特等，而TED的愿景是——值得传播的思想。

能够登上TEDx，我也备感荣幸。

我演讲的题目是"如果成功有捷径"。

在"成功学"盛行的当代，每个人都在寻找更快实现目标的"捷径"。然而在谈捷径之前，我想先跟大家谈谈另一个更重要的前提——**你的态度决定了你的选择，你的选择决定了你未来走的路**。

这个态度，没有捷径。

1. 认真是一种态度，态度决定高度

我中学读的是民办寄宿学校。我们当时是十二个人一个宿舍。记得住在我上铺的是月月，她的文章写得特别好，每次考试都是全班前十名，成绩跟我不相上下。

在一次期中考试结束后，她突然对我说："苏文，你知道吗，你一点儿也不聪明，能够进前十名完全是靠勤奋！"当时，这句话让我的小小心灵受到了很大的打击（否则我也不会到今天还记得）。仿佛依靠勤奋来学习，是一件让人蒙羞的事情。

现在再回头看，真的觉得自己很傻很天真，尤其在我轻松考入门萨俱乐部之后，更加觉得释然：**聪明又如何，笨又如何？不管天资高低，态度决定高度，认真的态度才是王道。**

在我的公众号人物专访栏目中，第一篇文章就致敬了从小到大的偶像，我们中学第一位保送上清华的学姐——贺雯。她后来还保送到了哈佛大学的法律系，现在是北京某著名律所最年轻的合伙人之一。

去年，我在同学婚礼上见到她，她已经成为二胎妈妈了。她在忙碌的工作中，还把家庭和儿女经营得井井有条，到现在依然是我崇拜的对象。

她比我大四岁，中学时我们并没有太多交集。唯一的一次接触，是体育课的单杠腾身后反转考试。当时全校只有五个女同学无法做到从后向前翻越单杠的动作，其中就包括我和贺雯。放学后，体育老师将我们五个人留下做特别训练。

当时的贺雯已经是明星一般的存在，保送清华的消息已经传开。她完全可以不用在乎这么一个小小的体育课动作，相信老师也不会为难她。但是她跟我一样站在队里，认真听老师讲解动作要领，一次次尝试纠正动作。

之后的两个星期，每天放学后我都在操场上看到她勤奋练习的身影。

我自己偶尔也会过去练习，但我自认没有运动细胞；看看贺雯，她的动作似乎比我更加笨拙，估计我们俩都没戏了。我还暗暗庆幸，有贺雯学姐垫底，我也不算那么差吧。然而，就在两个星期之后的考试当天，贺雯竟然在我面前，用她看似笨拙的动作，翻越了过去！

而我，因为没有认真练习，自然还是失败了。

至今我依然记得这件事情带给我的冲击。那是我第一次深刻体会到，人与人的差别，看似很小，但实际上真的很大。**决定你能否“翻越”的关键，不是你的天资，不是你的起跑线，而是你的态度。**

2. 永远不要轻敌

美国西点军校的一句名言是：态度决定一切。

军事上，永远不要轻视你的对手。**在日常生活中，这个对手有可能是你的竞争对手，也有可能是你的目标。你希望拿下的项目，甚至很有可能就是你自己。**

时间回溯到大学三年级。那时候香港各大外资投行刚刚开始在国内高校招收暑期实习生，我非常幸运地过关斩将成为某家投行在北大唯一聘用的实习生。

来到香港中环的第一个星期，我兴致勃勃，以为像电影《华尔街之狼》里面的小李子一样，马上可以跟客户谈上百亿美金的生意。但没想到的是，整个星期，主管让我做的唯一一件事情就是帮他买咖啡。

我非常失落。难道投行的工作就是这样没有技术含量吗？连小学生都能做的事情，为什么要我做呢？这时候我想尽办法拿到了一位学姐的联系方式，她一年前参加了同一个暑期实习项目并得到签约。

她听了我的抱怨后，沉默了片刻。紧接着，她完全不留情面地反问我：作为实习生，如果你不买咖啡，要谁买？老板吗？如果我是你，我不仅要帮他买咖啡，还要帮他买到最好的咖啡。

真是一语惊醒梦中人！我太轻敌了！**以为买咖啡是一件没有技术含量的事情，殊不知，小小的咖啡里面，藏着老板给我的第一份考卷！**我立刻转换了思维方式——如果连买咖啡都做不好，老板如何建立对我的信任，从而给我真正的工作呢？

我决定把咖啡买到有技术含量——我不再随便买个普通咖啡，而是细心地问主管需要什么口味，是否要加糖、加奶；我不再满足买星巴克，我要知晓公司附近哪里有新开的咖啡店，什么时候出新的口味或者假期的特卖。

我要把咖啡买到一个新高度。慢慢地，主管开始对我有了笑容，我得到了越来越多的机会，开始做晨会总结，帮客户转拨电话，学习产品估价和准备路演资料等。我很快成长起来。在十个星期的实习项目结束后，主管向人力资源部推荐了我——我拿到了投行的全职签约！在别的大四学生还在纠结于考研、出国还是找工作的时候，我已经知道未来的去向了。

如果我没有转换态度，将这个“咖啡对手”重视起来，我可能至今仍然沉浸在北大天之骄子的光环里，无法从现实社会这所大学里毕业。

3. 让认真成为一种习惯，做认真的行动派

美国斯坦福大学心理学家刘易斯·特曼研究发现，**对自己认真的人会有合理的生活规划，并能付诸实践，而且更注重细节。**

将“认真做事”从一种态度，培养成一种能力，并让其成为自己为人处世的习惯，这无论对于我们的职场还是人生，都是非常重要的。

初加入香港慧妍雅集的时候，我以为这是一个聚集了众多香港小姐选美佳丽的慈善组织，因为巨大的明星效应，做任何事情肯定都不需要花太多功夫。当我开始参加活动、帮忙慈善筹款之后，我才发现那些在新闻媒体眼中的大明星，私底下是如何亲力亲为，将每一件事情都做到极致的。

有一次慧妍雅集探访香港本地的孤寡老人院，赵雅芝小姐也是慧妍雅集的代表之一。因为她的影响力，我们到达的时候已经有很多粉丝在门口等待了。赵雅芝小姐到达后，非常亲和地告诉大家，不要打扰老人的休息，让粉丝等在门外。

进入老人院之后，我本以为大家只需要象征性地派送慰问品和礼物，拍拍照就可以了，没有想到，每一个慧妍雅集成员都会亲自走上前，跟老人聊天、拉家常。见到有的老人患有抑郁症，大家会很耐心地花上半小时为她开解。我记得赵雅芝小姐还拉着一位100岁高龄的老奶奶的手，问她养生的秘诀，赞美她“好靓女”，老奶奶虽然话说不太清楚，但可以看出她笑得很甜很开心。

访问的大部分时间里，没有摄像机，没有记者，所以现场不需要作

秀；现场有的，是一个个有爱心、认真做善事的慧妍雅集香港小姐成员。

经过这次访问，我更加体会到，在香港，很多明星之所以能成为明星，除了自身的条件和机缘之外，一定还有他们的过人之处。这个过人之处，在我看来，首先就是他们一丝不苟的做事方式——不因为自己是明星，就敷衍了事。相反，正是因为他们认真做事的原则，才让他们成为娱乐圈的“常青树”。

有人说：“你的态度是你真正的主人。”

就像TEDx大会的演讲，我不会因为我有登台演讲的经验，就认为不需要认真背稿。相反，我把每一次演讲都当作对自我的突破，每一次都给自己提出更高的要求，务必做到给观众提供有价值的信息，给他们的生活带来正面的改变。

回到TEDx大会的演讲。在我十八分钟的演讲结束后，台下的反应很热烈。

编导拍拍我的肩膀，说：“苏文老师，你刚才的演讲很棒！大家觉得是最有干货的演讲！果然，‘台上一分钟，台下十年功’的道理没错啊！”

我笑着回答：“认真，你就赢了！”

增强你的不可替代性

有段时间，我频繁出差，飞机上的电影我都看过一遍了。

出于怀旧，我看了“经典剧场”，竟然让我追完了美剧《欲望都市》。时尚女作家Carrie，洒脱而魅力十足的公关人Samantha，律所女强人Miranda，还有完美主义的新手妈妈Charlotte，四个性格各异的女人在纽约这个花花世界经历着各种感情纠葛和事业起伏。

其中，让我哭笑不得的是，Charlotte姐妹们吐槽的这一段：

刚成为妈妈的Charlotte，家中请了一个保姆。年轻的小保姆性感迷人，不管在室外还是室内，夏天喜欢穿低胸吊带加热裤。有一次，Charlotte的老公偷看小保姆，被Charlotte逮了个正着。为此Charlotte没少跟姐妹们诉苦。

然而，当Charlotte想到如果真的有一天，她的老公出轨这个保姆的时候，她的第一反应竟然是“我不可以没有我的保姆”！

在此，我们暂且不探讨婚姻生活，我想探讨的是，**这位保姆成功地让自己成为不可替代的员工**——她让自己的老板，也就是Charlotte，宁愿丈夫有出轨的风险，也不愿意炒掉她！

那么，我们如何提升自己的不可替代性呢？

1. 不停增值，以实力说话

现实生活中，似乎总是有人比别人更胜一筹。在读书的时候，他们是老师眼中的重点保护对象，是整个班级整个学校的希望；在工作中，他们总能够得到领导和老板的格外重视，职位节节高升，成为众人眼里的佼佼者。

为什么这些人能够得到对别人来说如此不公的特殊的待遇呢？

为什么？我们为什么不先问问自己：**他们所做的，我们是否可以取而代之？**

那些看起来毫不费力就甩别人几条街的人，往往都有他们独特的无可替代的优势，让他们一直处于不败的地位。

老师喜欢勤奋好学的学生，因为这些学生有更大的机会为学校的升学率做贡献；老板喜欢勤奋踏实的员工，因为这些员工更有可能为企业带来巨大的效益。

我的朋友奇奇，在上海的一家金融公司任职。她大学毕业从最底层的实习生做起，到现在已经有十年的时间了，如今已经成为公司的合伙人，已然超越了很多前辈。我问她，从普通员工到老板身边的红人，一路走来有什么秘诀吗？

她说："勤奋工作，给公司带来业绩是肯定需要的。不过能够这么年轻就成为公司合伙人，有一个契机——就是我去年考到了ACCA。"

特许公认会计师公会（The Association of Chartered Certified Accountants，简称ACCA）成立于1904年，是世界上领先的专业会计师团体。奇奇说，为了这个考试，她真的花了很多精力和时间。

考试是全英文的，但她的英文并不好。她在学习金融知识的同时，还要恶补英文。当她历经了八年的"寒窗苦读"，拿下ACCA之后，她拿到的不仅仅是全国只有七千人拥有的会计资格证书，也是她英文水平的证明。

这样的资历，对于她所在的创业公司来说是一个很大的亮点。奇奇说，比她在公司做得更久的员工比比皆是，但她在跟老板商谈成为合伙人的时候提出："拜访潜在高净值客户的时候，如果能够强调我们公司有一个ACCA资格的合伙人，而全国只有七千个人符合这个国际认证的会计标准——这无论对公司形象还是客户信任度，都会有极大的提升。"

当今时代，大家的生活节奏都非常快，再忙碌的生活，也不要忘记给自己增值。一身过硬的工作能力是我们站稳脚跟的最佳手段，只有不断提高自己的工作能力和业务水准，才能让我们走在时代的前端。**当你拥有罕**

有的资质的时候，你的付出将给你带来加倍丰厚的回馈。

2. 想成为稀缺品，你可以从别人不愿意做的小事做起

从大学毕业进入金融行业开始，我经历了几次金融风暴的洗礼。

投行的裁员方式可谓是“短、平、快”。早上还在身边喝咖啡的同事，忽然收到人力资源部的一个电话，就没有再回办公室的机会，连东西都需要秘书帮忙收拾送到楼下。

经历了几次裁员大潮之后，我发现了一个规律：

裁员最“青睐”的对象，首先是最晚加入的员工，因此“最晚加入的，最早被裁”；其次就是一些工资很高却没有太大作为的中高层。纵观公司上下，裁员最少涉及的，竟然是秘书。

大家可能以为，秘书的工作不就是帮老板接接电话，给客户端茶倒水，给老板记录每日行程、定餐厅订机票定酒店吗，有什么不可替代的?

的确，秘书的工作是大部分员工看不起且不愿意做的，非常琐碎。但大家不要忘记，这些事情也必须要有人来做。举个简单的例子，帮老板和客户定餐厅，看上去只是打个电话，但是秘书可能比公司所有其他人更清楚应该选择哪家餐厅，因为他们知晓：（1）方圆十里之内的餐厅清单；（2）餐厅的类型（中餐、西餐、日料等等）；（3）餐厅的档次；（4）公司的预算（大部分公司对商务用餐都有费用限制）；（5）老板的喜好，包括坐的位置，菜式的选择，等等。

能够把所有事情都安排妥当，让老板吃个放心的商务餐，专心谈生意，而无须分心各种琐碎的细节，秘书的工作虽然简单却很重要。

不管什么职位，我们身边肯定有一些看上去微不足道的事情，很多人不愿意去做。**请记住：当一些事情别人不愿意做却又必须要有人做的时候，这也许就是我们成为稀缺品的机会。**

3. 让自己不可替代，就要抓住核心需求

感情生活中，有一句话很有意思：“抓住一个人，要先抓住他的

胃。”我们可以理解为，让一个人对自己依赖，就要抓住他的核心需求之一——吃饭。换一个人做饭不是不可以，却食之无味。当你的厨艺是别人无法取代的时候，你也就无法被别人取代了。

在很多大公司里，很难说少了谁公司就无法运转。但在决策过程中，老板必须考虑取代一个人的成本有多高。比如你做销售，如果你能够抓住公司的核心需求——客户，你去哪里，客户就跟着去哪里，那就没有老板敢替换你。

再回到《欲望都市》的情节。我很肯定Charlotte并不喜欢这个保姆，甚至把她当成自己婚姻里的一颗定时炸弹。然而，真正让Charlotte彻夜难眠的，是万一这个保姆离开了，Charlotte将要自己独自带娃——这才是Charlotte最无法接受的事情。

因此保姆有意无意地抓住了她的“职场”——也就是Charlotte的家庭——目前最核心的需求，那就是需要人带孩子。炒掉保姆不是不可以，只是换一个保姆的代价太大了：要花时间找，找到了要给中介费，到岗了需要培训，生活习惯需要磨合，还要了解这个人的背景，是否靠谱，是否对孩子有耐心，是否会偷窃，搞不好孩子不习惯新保姆还得哭闹几个星期。

Charlotte衡量了各种利弊，得出结论：既然现在的保姆带娃让人放心，就不换了，否则成本太大了。所以小保姆可以继续青春洋溢、继续穿吊带热裤——只要她能够把娃带好，不勾引老公，其他的一切都可以不追究。

找到最核心的需求，在这一点上给别人带来不一样的、独一无二的感受，发挥独特的作用，别人也就无法离开你了。

4. 不可替代性需要长时间的积累

在这里跟大家透露一下我的“男神”是谁——跟大家一样，我很喜欢彭于晏。这个生于1982年的大男孩儿，到现在依然被人称作“小鲜肉”。

他为了符合演戏的需要，在短时间内让自己练出一身肌肉，每天和专业的MMA拳手对打，要挨两百多拳；鼻子、耳朵都肿到无法入睡，双腿上全是淤青。尽管他笑称自己有运动天赋，但在如此短暂的时间内能够达到这样的效果，真的是令人惊讶。

他的经历很励志，他的专业水平更是令人惊讶。长年累月的坚持，让他成为一个全能型人才——绝不是很多现在所谓的小鲜肉可替代的。

我始终相信，我们处于一个用实力说话的社会。虽然偶有不公，虽然在证明自己之前会遇到许多挫折，但是当你将这些挫折一个个地解决以后，你会发现，人的潜力是无限的，人的价值也是无限的。

当我们所提供的价值、积累的资质无法被人取代，且被人强烈需要时，我们离成功就不远了。

一线城市竞争指南

我是一个集北漂、港漂、纽约漂、上漂于一身的女子。每逢过年，“逃离北上广”这个话题必然上热搜。然而，不管“逃离北上广”的声音多么刺耳，大多数人最终还是选择“逃回北上广”。

大城市有我们的梦想和追求。但一个很现实的问题是：**来自小城市的你，单枪匹马，如何面对一线城市激烈的竞争？如何面对一线城市消费水平高、生活节奏快、工作压力大的问题？**

我的中学同学小芬，她的家境在我们家乡算是很不错的。大学毕业后，不出意外的话，父母帮她安排在自家公司做经理，不需要坐班，拿着体面的工资，日子可以过得非常滋润。但她只身去了深圳，靠自己面试进入一家国内50强上市房地产公司做实习生。

那会儿刚好是七八月份，天气炎热，每天都是艳阳高照。实习的日子异常艰苦，小芬每天跑不同的住宅和商业区、税务局办理各项业务。皮肤白皙的她，顶着烈日晒了几个月之后，很快变得黝黑瘦小了。

她妈妈到深圳看她之后，偷偷地找我哭诉了几次。曾经养尊处优的小芬，硬是没有喊过一句累，竟然坚持了下来。

机会总是留给那些想要机会的人。不出两个月，小芬就转正成为正式员工。第二年，她获得了集团颁发的最佳新人奖。5年前，小芬升任部门主管，并运用她的地产经验在深圳南山买了房子，说话做事雷厉风行，俨然成了“新深圳人”。

1. 资源少一点儿没事，我们可以自己创造

不管在哪个城市，本地人总是有一个先天的优势——他们拥有更丰富的本地资源，在大城市更是如此。即使在没有人脉和资源的一线城市，我们也可以通过自身的努力在这个城市立足。

（1）借力发挥，向外部资源靠拢

对于没有人脉、没有资源、缺乏资金的人来说，借力是个不错的选择。在工作中，有好的项目要学会把握机会，借助别人的品牌资源和经验，不仅可以积累经验，还可以获得资源。

站在巨人的肩膀上，才能看得更远。学会跟前辈沟通，虚心学习，他们才愿意把自己的所学分享给你，给你介绍好的资源和人脉。

如何寻找自己的人生导师并与其建立长期有效的关系，我将在下一节“你与人生赢家之间，差的只是一个导师”中详细分享。

（2）提高自己的综合素质

一线城市的压力无处不在，工作上的竞争，身边优秀的人才众多，这些在无形之中逼着我们成长。你如果要在这个充满竞争的城市立足，必须让自己变得更加优秀，否则面临的就是被淘汰。

我们可以给自己做一个SWOT分析，自身具有优势的地方继续发扬光大，不足的地方可以通过报专业培训班、学习相关课外知识等方法来提高。

小芬利用业余时间报名学习法语。她在深圳的这些年，越来越多的外国人入住，小芬的第二外语帮助她开拓了当地的外籍人士市场，她还一度成为深圳地产行业的“外籍客户之星”。

（3）打造自己的价值，让资源主动靠近

在自身优势发展到一定程度，具有创造价值能力的时候，要学会提高自己的知名度，打造和维护个人品牌，吸引外部资源的注意，获得更多的新资源。**当一个人拥有足够的能力获取别人的信任时，就已经取得了一半的成功，因为你已经开始有一张属于自己的名片了**。

2. 工作压力大一点儿没事，这里有挑战，更有机遇

大城市的生活节奏很快，压力也很大。小芬曾经告诉我，当她通宵加班时，看到朋友圈留在老家的同学晒通宵打麻将的照片时，真的是瞬间崩溃。但是转念一想，自己为了梦想挥洒了青春的泪水和汗水，没有虚度人生，心中就变得坦然了。

有人曾经算过一笔账，按照工资收入和生活消费的百分比来说，大城市并不占优势。每个月房租/房贷、交通费、伙食费、社交费、税收等等扣下来，存下来的钱可能不到工资的10%。而统计表明，在小城市存下来的钱一般都在15%以上。

然而你有没有想过，这个10%的基数，大城市会大很多倍。也就是说，**从绝对值上来说，在大城市攒下来的钱，还是要多过小城市的**。日积月累，就是一笔不小的数目。毕竟，很多消费不是按照比例来算的。比如，你在大城市攒下来的每个月10%的工资，能够帮助你解决继续深造的费用，也可以帮助你购买任何国际品牌。甚至银行也有更高回报率的理财产品，让你“钱生钱”。

这还只是单纯从收入的角度来衡量。**大城市能够提供更多的，是平台，是机遇**。在这里，**你可以接触到国际一流的信息和科技，接触到各个领域最优秀的人物**。那些你从小视为偶像的人，可能转个身就跟你在同一个饭局了。

3. 生活节奏快一点儿没事，我可以坚持做自己，不将就

在我坐月子的时候，月嫂（香港人）跟我聊天，说她在我之前的客户是一位四十多岁的妈妈，生的还是头胎宝宝。剖宫产一切顺利，母乳也很充足，她做完一个月的月子就上班去了，也不需要公司给什么特殊待遇。我的月嫂也不觉得有什么奇怪，因为她的妈妈客户一半都是四十岁以上的。

四十多岁的年纪，在小城市很多人眼里绝对是高龄高危产妇了。在大城市，年龄带来的压力相对要好很多。

我的一个大学同学Helen，在美国洛杉矶已经很多年了。去年告诉我，她冻了卵。我问她疼不疼，她说，就打针的时候有点不舒服。她想得很清楚，她并非不婚主义者，也很喜欢小孩儿。但是还没有合适的人，不想为了结婚而结婚。

我非常佩服她的勇气，更欣赏她对自己人生的控制力。当然我从来不主张女性不婚。我主张的是，在没有遇到合适的人之前，不要将就。

在大城市，你三十岁不结婚不生小孩儿，没有人会把你当外星人看。你想要买人生的“后悔药”，大城市有你需要的技术和资讯。你可以更积极地掌握人生，不需要其他人给你做主。

4. 这里有丰富的生活

我刚到北京的时候，比大多数北漂幸运，有亲人在，可以经常“改善伙食”。而很多人刚来大城市，都是举目无亲的。但是不要以为他们周末会闷坏。就米其林餐厅来说，当时北京有10家，上海30家，广州8家，深圳8家，就更不用说那些层出不穷的网红店和地道的当地小吃了。

音乐会也是档期满满——你可以见到你最喜爱的明星和艺术家，近距离欣赏他们的演出。大城市还有众多的博物馆、书展、艺术馆，保证你一年五十二个周末，都可以遨游在知识的海洋，得到艺术的熏陶。我刚搬到上海的时候，每个周末的亲子活动都是安排得满满当当的，大人小孩儿的节目也都很丰富。

这些都是小城市不可媲美的。

我曾经问一个从上海毕业后选择回家乡发展的同学：你最怀念上海的什么?

他说，当然是外滩18号的brunch和思南公馆的艺术展啊!

不过，这一件事情，是大城市无法弥补的，那就是，与父母、家人相处的时间。

看着父母年纪大了，我们都希望有更多的时间陪伴着他们。然而接老人来一起住又未必人人可以做到（不想委屈老人住小房子、怕老人不适应大城市、怕老人没有熟悉的玩伴）。

有时候做梦，都会回到童年的时光——梦中跟爸爸妈妈大喊“以后我们再也不分开了”；醒来后，擦干泪水继续赶地铁上班。但是，这个问题现在也因为先进的科技而得到了解决——不管是智能手机、微信，还是高铁，让我们能够随时与亲人联系、知道彼此的生活状况。

更重要的是，到大城市发展，是父母对我们一直的期待啊。

当深圳南山房价翻了三倍的时候，我问小芬：“当初怎么想到要来大城市发展？明明你在家里可以过得非常舒适。”

她回答我：“如果只是舒舒服服地过这一生，回首往事，没有值得骄傲的过去，好像星爷说的，**那跟咸鱼有什么两样呢**？

“比起在老家温水煮青蛙，我更喜欢在这个欣欣向荣的城市，每天过充实的生活，每天都有新的东西要学。现在的我，很独立，很从容，每天都充满能量。”

对于很多跟我一样在小城市长大的女孩儿来说，漂泊可能成为一种常态，甚至是我们成长的必经之路。

背井离乡的生活总会有孤单和彷徨的时候，如果你问我，怎样才能少一些漂泊感，多一些归属感？我的答案是，**人可以平凡但是不能平庸**。当你把每一个脚步都坚实地踏在这座城市的土地上时，你的生命中就不再有他乡。

我们要做自己人生的主角，去得了远方，也回得了故乡。

你与人生赢家的一师之差

在TEDˣ大会上，我跟大家分享了一组儿时的照片。我是一个典型的小城市女孩儿，照片里的我笑得很腼腆。很多人问，你如何从一个三线小城市的姑娘，脱颖而出到现在拥有那么多闪亮的标签的呢？

我也经常问自己：成功的关键是什么，是勤奋吗，还是坚持，或是运气？

这些都非常重要。不过这次我想讨论的是，成功的捷径——**成功是否可以不用“尽力”？成功是否也可以“借力”？**

是的。这个捷径就是导师！

斯坦福大学教授威廉·戴蒙说：**“能够活出生命意义的人，必定在他一生之中遇到过一位以上的导师，而这样的人生导师通常来自家庭之外。”**

维基百科对“导师”这样定义：曼托尔（“mentor”）是一个人名，是特洛伊战争英雄奥德修斯的老师，对其具有重大影响，衍生到今天，“导师”就以其名命名。

导师一定是长者吗？不一定。他可以是我们传统认知中的老师、领导、长者，而在现实生活中，**导师更多的时候穿着隐身衣：任何一个你可以借鉴经验，他也愿意给予你支持和帮助的人，都可以成为你的导师。**

因此，我的定义是：**导师是让成功来得更快一点儿的那个人！**

我们如何发现导师，与其建立初始关系，并进一步维持长久、有效的关系呢？

1. 让自己的身边围绕潜在导师

卡耐基曾说："一个人的成功，15%靠的是个人的专业技术，另外85%则是靠人际交往能力。"

现在大家除了在公司、学校有一些同事和朋友，社交圈可能并不大，**我推荐大家有机会一定要参加俱乐部、跨界参与入社区活动**，所谓物以类聚嘛。

以我自己为例，我首先很认真地思考自己到底适合哪些社区？对哪些领域感兴趣？我花了一个星期的时间，确定了跟自己相关的社区领域：金融、女性、高智商、慈善等。

一个人的时间精力有限，我建议大家同一时间不要参与超过三个社区活动，但每一个都要投入来做。

因此我将这些领域重叠。举个例子，我参加了香港女性联会。这是香港最大的女性相关的组织，集合了金融、慈善和女性的领域。

而最吸引我的是它提供的导师项目，此项目要经过严格面试筛选，最后配对30对金融领域的导师和导生。通过参加此项目，我不仅得到了一位人生导师，还认识了很多精英女性。这些人在我之后的职业生涯中，从管培生到升职为副总裁，从卖方跳槽到买方，再到做媒体、创业，都提供了很有价值的建议和帮助。

2. 寻找匹配的导师

最适合你的导师，并不一定是最牛的人，更不是跟你一模一样的克隆人。

在香港女性联会里，跟我匹配的导师是来自澳洲的安娜，她在香港工作15年了，是某家资产管理公司的风险部门高管。因为同样在金融行业，我们对彼此的工作都有一定的了解，能够明白彼此的专业术语。

同时，她的风险管理跟我做的销售相辅相成：做销售很多时候需要积极向前冲，而她的风险管理则较趋于保守。虽然她并不是行业里最高层最牛的高管，但是因为我们工作性质的不同，又因为我们的背景文化不同，她的风控思维和西方思维能够引导我从不同的角度看问题，时常让我茅塞顿开。

你的导师，未必一定是名人或者大师，任何一个在某一领域比自己更有经验和研究的人，都可以能者为师。

一个最适合你的导师，就像安娜对于我：**是不同层次的同一类人。**

3. 和导师建立初始的关系

脸书首席运营官雪莉·桑德伯格曾说："每次遇到不认识的人请我做导师的时候，我都不知道说什么。"

美国著名主持人奥普拉也明确表示，当有人请她做导师时，她都感觉"浑身不自在"。

邀请一位陌生人做自己的导师，说实话，成功概率并不大，但有一个破解的方法，那就是：**充分准备，提出实质性问题。**

一般来说，你想要找的导师，你肯定对他很有兴趣，他也在某一领域有所建树，或是在某一方面得到了你的尊重和肯定。那么，我们可以提前做好功课，了解导师的各方面，包括职业、家庭、兴趣、人生阶段等等。

在这里，我要介绍一个最重要的撒手锏，就是了解导师目前是否面临什么问题？我们是否可以给他一些有价值的建议？

我现在想请大家动动脑筋，想象一下：

如果现在你面前就站着一位你非常希望他成为你导师的人，你如何用几句话就让他对你有印象、有兴趣，甚至留下联系方式呢？

我曾经代表前公司出席校园宣讲会。在自由交流时间，很多候选人主动上来跟我聊了起来。让我印象很深的是，现在很多大学生已经很有"导师"的意识，但在如何建立初始关系上，还有进步的空间。

以下是其中几个候选人跟我交谈时提出的问题：

> 候选人1：
> 苏女士，您好！（现在的大学生都很有礼貌）
> 这是我的简历。请问您可以给我一些找工作的建议吗？

候选人2：

苏女士，您好！

您提到到香港中文大学做过交换生，对您改变很大。我也在×××大学做了一学期的交换，并在香港×××公司做过实习，感同身受。您认为这段学习生活经历，可以如何帮助我们在求职面试过程中脱颖而出呢？

考考大家，如果只在这两个候选人之中选择的话，我会选择哪一位？

没错，第二位候选人很聪明，将他需要的帮助与我的经历联系起来，也借机突出了自己的优点。人们都是喜欢那些认真听自己说话的人，和跟自己有类似经历的人，不是吗？

我也觉得候选人2非常棒，至今我依然对他有印象。

然而，这两位都没有拿到我的联系方式。真正让我留下电话号码的，是这一位：

候选人3：

苏女士，您好！

听了您的介绍，我想到我的一位中学学长也是在贵公司私人银行部，他好像会是您的潜在客户？他叫×××，如果需要的话，我可以将他的联系方式转给您。等您有空我可以约上他，我们三个一起吃个饭，我也有机会向您请教求职经验。

后来的故事，大家都猜到了：我们不仅吃了饭，他的学长还成了我第一位私人银行客户，而我也一直在他职业生涯中，扮演着导师的角色。

我们应该换位思考，把从导师那里“获取”，转换为“给予”，我可以给导师带来什么？能否帮他解决问题？

雪莉·桑德伯格在她的代表作《向前一步》里提到，她多年前面试了一个候选人，对方说的第一句话是：“告诉我，你现在最需要解决的问题。我来想想我能怎样帮你解决。”这个面试者实干、有同理心的思维方式脱颖而出，多年后她成为雪莉的爱将。

如果我们想要立刻引起某人注意或兴趣，是绝对可以做到的，但前提必须是你做了充分准备，提出具体问题，让导师“眼前一亮”。这样一来，即使对方是陌生人，也可能成为你的导师。

4. 维持良好、持久的导师关系

我一直相信，任何一段关系，都是相互的。

正如雪莉说的，一段持久的导师关系，不太可能通过一句“你可以做我的导师吗”就发展起来。只有双方都感到这是一种通过努力才能获得的连接时，才能建立最强有力的指导关系。

持久的导师关系需要一个动态进化的过程：

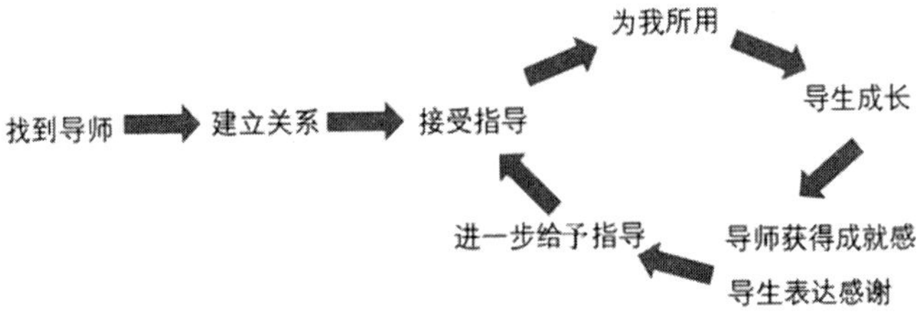

研究表明，导师对导生的选择基于其外在表现和内在潜力。

作为导生，我们找到导师，建立关系，接受指导，再到为我所用，实现自身成长。

同时，导师认为你“孺子可教”并获得成就感，然后，你通过表达感谢、为对方提供价值等方式继续维护关系，导生进一步得到导师的指导，导生得以进一步提升自己。

当导生能够善用导师时间、真心接受指导并实现自身成长时，导生会吸引导师继续为其投入时间、精力甚至金钱。

导师能给我们提供机会、思想启迪，甚至物质帮助。有了导师的提携，我们有机会凡事事半功倍，大大缩短通向成功的时间。

所以，想要让成功来得更快一点儿，请现在就开始寻找至少一位导师来相助吧。

成功人士的十个习惯

成功学教父吉米·罗恩说：“成为百万富翁的最大价值不在于这百万的财富，而在于通过赚取百万财富的过程让自己成为一个更杰出的人。”

在浮躁的社会中，很多人都希望找到迅速成功、迅速致富的办法。但你如果希望改善你的生活，就必须从改变你每天做的事情开始。正如比尔·盖茨所说：“要获得新想法并无魔法可言，你只需从简单的事情做起就好。”

良好的习惯是成功的关键。

这些年我观察了身边的成功人士，总结出十个他们共同具备的习惯和特性，分享给大家。

1. 立刻行动

这个世界永远都会有人告诉你“现在不是最佳时机”。但成功人士会说：“此时此刻就是最好的时机。”他们知道最好的时机不会自动走来，他们要自己去创造最好的时机。比如，这个世界从来都不缺好的点子，但最终能够从想法变为现实的并不多，为什么？关键还是执行力。

请记住，栽一棵树最好的时间是二十年前，其次就是现在。

2. 正确设立目标

我最近深有体会。

上个月在香港，我约了朋友晚上到新界吃饭。因为比较少去，于是开车的时候用了GPS。

一路都很顺利。但当GPS说到达目的地的时候，我突然发现，咦？这里荒山野岭的，根本不是我要去的地方啊！定睛一检查，原来是目的地写错了一个字！一字之差，却差之千里！结果又花了半个小时，才兜兜转转到达目的地，让朋友白白多等了半小时……

做任何事情都好比开车，无论你的车多好，司机多好，交通有多顺畅，如果一开始目的地就错了，一切都是白搭，有时候甚至要花上加倍的时间才能到达。

3. 对自己所处的位置有清晰的认识

还是跟开车一样，精准地定位你所在的位置，下一步才能寻找路线方向。人生的定位并没有GPS，需要自己找对位置，对目前的状态和能力有一个充分的分析。

以现在状态，要达到目标还要做哪些事情？

我需要加强哪些方面？目前的进程是否达到预期？如果不够，我可以从哪方面提高我的进步速度？在设立了大的方向之后，再细分规划不同的阶段和“小目标”，接下来才开始按照自己制定的路线不断前进。

4. 找到最高效的方法

“最小效率剂量”是Tim Ferriss在《四小时工作体制》中引入的概念，指的是达到你希望的结果所需要做的最少的工作，而其他所有超出这个剂量的工作都是一种浪费。

高盛公司前执行董事格雷格·史密斯，在他的一本《我为什么离开高盛》的书里写到，刚刚加入高盛的时候，每个人都需要准备美国金融行业的“系列7”考试，通过了才能正式成为华尔街一员。

在竞争激烈的高盛，所有人对新人的期望都是一次性通过。但如果你拿到高分甚至满分，不要以为这是一个值得炫耀的成绩。恰恰相反，公司所有人会认为你太过刻苦了，为这件事情花费了不必要的时间和精力。

“你希望自己的分数尽可能无限接近最低的及格分数，70分。”

对待时间，跟做生意一样，要有一个“成本”的观念。把精力用在最有成效的地方，寻找做所有事情的最高效的方法，并付诸实践。

“就好像在正常大气压下，水加热到100摄氏度就会沸腾；即使你继续加热，它也不会沸腾得更厉害。”

5. 信息整合

互联网时代，人们接收的信息像洪水般汹涌，信息从匮乏变成过载。

很多人可能都经历过，朋友圈里收到各种贩卖焦虑的新闻，比如哪些保养品吃下去等于砒霜，或是哪些生活习惯（比如无线上网）危害健康，等等。一时间左邻右舍都恐慌不已。结果没过几天，又会有人出来辟谣。因此，我们对信息的筛选就是日常的重要功课。筛选一部分由网络搜索引擎来完成，另一部分要靠自己的经验和认知来判断。

养成独立思考的习惯，将信息当作参考资料，提出质疑，而不是全盘接受。在这个基础上用于实践，验证是否正确。同时让信息为我所用，根据不断变化的现实情况去调整目标、方法和预期，随机应变，审时度势。

6. 决策能力

跟大家分享一句我很喜欢的英文：

“Life is not a matter of chance, but a matter of choice.”

意思是说，无论你出生背景起跑线如何，一生中肯定不乏各种大大小小的机会；因此决定一个人命运的并不是有没有机会，而是你面对机会时的选择。

决策力是做出选择的能力。

有人说，决策力的三要素是：冷静的头脑 、积极的心态以及可预见的“最优解”。

要寻找“最优解”，需要我们根据当下的情况进行冷静分析、判断、控制和沟通，在可供选择的方案中选定最优方案。

7. 主动管理情绪

生活中有很多被情绪影响的时刻：忍不住对着家人、朋友、同事发脾气，事后又很后悔；压力大的时候越想静下心来，反而越做不到，甚至焦虑到失眠。

杨澜说：“管理情绪与身材的管理类似，需要日积月累的坚持。”处理好情绪，再处理问题。学会管理好自己的情绪，才能在生活中，游刃有余地面对其他问题。

8. 充满好奇心

一个充满好奇心的人，渴望理解事物的运作原理。

曾经有记者问白岩松：“你已经干了二十几年新闻了，为什么还会有动力继续干，而且好像还挺有激情的呢？”

他的回答是：“我依然好奇。”

“看看爱因斯坦、杨振宁等诺贝尔奖获得者、大科学家，有人会认为他们成功的原因在于他们有坚韧不拔的毅力，把别人休闲的时间都用在了科研上，等等。但我不这样认为，我觉得他们最重要的成功因素是好奇。他们为什么能在实验室里面一待就是十几个小时？因为他们做事时是充满乐趣的，带着好奇心的。”

9. 不要害怕试错

在此分享几个事业成功人士的话。

史蒂夫·乔布斯在斯坦福大学的演讲中，分享了自己当年被苹果解雇的思考：“我当时没有觉察，但是事后证明，从苹果公司被炒是我这辈子发生的最棒的事情，它让我进入了我生命中最有创造力的一个阶段。”

理查德·布兰森是维珍集团的创始人，英国最富有的亿万富豪之一，拥有四百多家公司，他以跳出固有思维模式而闻名。他说：“太多人在生活中都没能取得很好的成就，因为他们太害怕采取必要的步骤来实现他们的梦想。太多人选择安于现状。在成长的过程中，我感受到了所有这些压力，但我决定忽视它们而不是屈服于它们。如果我没有忽视这些压力，如果我没敢于冒险，我就不会成为今天的我。”

IBM的前董事长兼CEO托马斯·约翰·沃森也说：“你想让我给你分享一个成功的公式吗？这很简单，真的，那就是将你的失败率翻倍。你认为失败是成功的敌人。但其实并非如此。你可以因失败而气馁，也可以从失败中学习，所以继续犯错误，犯尽可能多的错误。因为你要记住，失败的地方才是你能找到成功的地方。”

失败，或者说试错，不是商业上的一个选择——它是一项要求。

适合别人的，不见得适合你，但如果你不去试错，就永远也不知道什么适合自己。

10. 跟随你的内心

听从你的内心，没有什么比你的内心更重要。找到那些让你心跳加快、感到雄心勃勃的事情，将你的热情全部倾注进去。

在清华大学2018年研究生毕业典礼上，校长邱勇说道：

“开放的时代机会无限，众多的机会带来了多样的选择。但选择越多，迷茫往往也越多。在选择面前，不要为外物所扰，不要为私利所动，不要为俗流所惑，要静下来倾听内心的声音，坚守自身的道德标准和价值取向。

“听从你心，行你所行，立德立言，无问西东。”

找到那件最重要的事，然后日复一日地坚持下去，甚至让它成为你生活的一部分，那你就拥有了无限的可能。

第二章

Chapter 2

向上管理

你的　老板

脱颖而出的法宝

2012年，我从卖方跳槽到买方，公司在香港中环皇后大道2号的“长江集团中心”大厦。

熟悉香港的朋友可能知道，这是香港首富李嘉诚的“长江集团”总部，这座七十层高的建筑外形方正，被媒体形容为酷似李嘉诚的性格——极其谨慎低调。顶楼七十层是李嘉诚本人的专属办公室。就在这里，李嘉诚遥控指挥其遍布全球五十二个国家和地区的近万亿财富帝国。

某天加班，我走出电梯就看到李嘉诚本尊出现在大堂。他并不是在召开记者招待会，也没有商务活动，只是在做一个大家都会做的事情——跑步锻炼 。要不是身边围满了保镖，我可能还没有注意到他就是李嘉诚。

他身材并不高大，但对于一个九旬老人来说，手脚灵活，精神矍铄。

关于李嘉诚的各种描述中，让我印象最深刻的是他的早起习惯——无论头一天晚上几点睡觉，李嘉诚的闹钟会在早上5点59分准时响起。随后，他会打一个半小时的高尔夫；然后，去办公室开始工作。数十年如一日。

想象一下，早上7点30分，当我们大部分人还在睡觉或赖床的时候，李嘉诚已经在深水湾的香港高尔夫球会打完了18洞，准备起程回中环了。

未必我们每个人都要做李嘉诚，**但是我们可以学习他的自律，把所有事情都“提前”做**。

创办公众号后，我经常在后台收到留言，问有没有什么不成文的方法，让我们在职场事半功倍?

职场需要长时间认真经营，职场的“潜规则”一定要摸清。那么，第一个不成文的但极其重要的规则就是：**每天提前五分钟到达办公室**。

1. 提前五分钟到办公室的好处

首先，**保证准时打卡**，上班不迟到。

早起提前到公司，你不必再担心赶去上班路上的各种突发事件——比如一路遇到红灯，忘记带手机要折返回家等等。很多时候，踩着点进办公室，都会因为这些原因变成迟到几分钟。

其次，**当其他同事踩着点踏进办公室的时候，看到你已经坐在电脑前，有条不紊地处理工作了**。

丽丽是我的邻居，在公关公司工作。每次在小区见到她都是打扮优雅，妆容精致。有一天早上，她花容失色，连招呼也没怎么打就匆匆走了。

当天她下班回来又撞到我，说："早上真不好意思！昨晚宝宝闹腾一晚上，今天比平时晚起了三十分钟，于是就承担了晚起的后果——

"匆匆忙忙洗漱之后咬了一块面包就出门了；

"平日出门前的十分钟瑜伽动作只能取消；

"赶去公司的路上化妆——不小心眼线画出界；

"手机中已经有上百条的短信未回复；

"邮箱中已经有堆积成山的任务需要抓紧完成；

"做什么都需要排队：买咖啡，出入地铁站，甚至到了公司楼下还要等五分钟电梯……

"虽然最终到达公司的时候没迟到，但我已经气喘吁吁，后背被汗水浸透了。关键是当老板问我总部发来的邮件时，我只好承认说，不好意思我还没开电脑。"

丽丽描述的时候，我还可以感觉到她因为晚起而造成的紧张情绪——好像一整天都在被人追着跑，喘不过气来。

提早开始一天的生活，可以帮助我们掌握一整天的办事节奏，变被动为主动。

提前五分钟到办公室，你可以不慌不忙地做好准备工作——倒杯热水，上个洗手间，喝口咖啡，花一分钟看一眼当天的日程表，在脑海中过一遍当天要处理的工作，并迅速浏览历史邮件，进入工作状态。

相信我，这五分钟的时间，会让你一天的工作更有效率！

一般来说，能够提前到的人，**会给大家留下自律、上进、勤奋、做事让人放心的印象**，而这些绝对是你希望老板在年终评估时给予你的评价！

2. 老板都青睐早到的员工

很多人会说："虽然我早上不会提前五分钟上班，但是我晚上会加班啊，我加班的时间可不止五分钟呢！"然而很遗憾，研究表明，**工作时间长不如上班来得早更容易获得老板的好评。**

在领英的《你从未真正拼过》一书中，提到华盛顿大学教授Christopher Barnes进行的一项研究：Barnes教授请来一百四十一名实验人员担任"主管"，分别对两组"员工"的表现做出评价。参与实验的"员工"被分为两组：

- A组的工作时间为早上7点到下午3点。
- B组的工作时间为上午11点到晚上7点。

尽管两组"员工"的工作时长完全一样，**但几乎所有人都对 A组的员工打出了更高的分数。**

习惯早早开始工作的员工被认为更加认真，并因此容易获得更高的评价。

奥巴马在参加美国大选的时候，曾被问道："你这个人最大的优点是什么？"

奥巴马回答："我总是提前。"

事实的确如此。奥巴马每天早起，提前安排好繁忙的日程，提前参加记者会议，提前到白宫，做所有的事情都是提前五分钟。奥巴马说："**当你总是能够提前，这个世界没有什么是你做不到的。**"

3. 对于职场新人来说，这五分钟尤为重要

初入职场的时候，有一个跟我同期的管理培训生Maggie，她几乎每天都是全组最早到的人。每天我到办公室的时候，她肯定已经坐在电脑前

了。如果硬说她想在老板面前刷脸，但是并没有。因为大家下班的时候她也一起走，不会留太晚。

然而年终升职，第一个就是她！

当年我有些不服气，跟老板理论，“我虽然不算早到，但我在公司的时间绝对不比她少，甚至比她还多！”

老板回答：“Maggie每天其实就比大家早那么五分钟。”

但就在这正式开工前的五分钟里，已经有客户打电话进来，了解头一晚的市场情况，咨询我们公司的市场预期，询问金融产品的价格——客户也想抢占先机。这个时候，部门里很多资深经理还都没到，于是Maggie就帮忙接了这些电话。

作为新人，Maggie一开始只是帮忙记个笔记，等经理到办公室就传达客户的需求。久而久之，经理都习惯了让Maggie帮忙转拨客户电话，并非常愿意手把手向Maggie 传授他们的业务技能。毕竟，在他们不想早到的这5分钟里，他们需要Maggie来帮忙维系客户关系。

同时，Maggie通过接电话，接触到了这些客户。更重要的是，客户熟悉并认可了Maggie这个名字！客户打电话来询价，点名要找Maggie的时候，还有什么理由不让Maggie升职呢？

五分钟时间虽然短暂，但日积月累，在你整个职场生涯中，5分钟就能让你赢在每天的起点。

4. 提前五分钟的心理暗示

我在北京大学就读国际关系学院的时候，班里有很多留学生。其中有一个新加坡的同学，说他家里从来不安装窗帘。

我很惊讶：“每天早上天亮的时候，你还怎么睡觉呢？”

他回答：“你说对了，没有窗帘的目的，就是天一亮我就可以起床！”

他这样顺应季节的变化，真正做到“日出而作”“一日之计在于晨”。

大学毕业后，他回到新加坡做了政府公务员。前年的同学聚会上，我又见到了他。他还是阳光大男孩儿的样子，笑的时候露出好看的牙齿，一点儿也没有变，只是比以前更加成熟稳重了。我们又拿他不装窗帘的事情说笑，他却认真地说："工作后也一直保持着这个作息习惯，这个习惯帮助他每天都保持充沛的精力。"

我问他："你难道从来就没想过要睡个懒觉吗？"

他说："我不知道睡懒觉有哪些好处，也的确没睡过懒觉。但我知道，每天跟随着大自然的节奏醒来，在早晨的阳光中做运动，在清新的空气中吃早餐，在交通还没有开始拥挤的时候上班，做第一个到达办公室的人。当很多同事还在跟'起床气'做斗争的时候，当他们一边敲着键盘、一边咬着面包的时候，我已经不慌不忙将当天三分之一的事务处理完毕了——更不用说我一早在家里享受了健康的牛油果鸡蛋吐司加脱脂牛奶早餐。"

早起的人更有主动性，因为他们比大部分人"提前"，一切都在他们的掌控之中，所有事情都可以按照他们的节奏有条不紊地进行。

哈佛大学的生物学家发现，早起的人有较高的自我健康评估。早起者也往往更乐观，做事更积极主动，早起者更有可能为自己制定长期的人生目标并努力达成——这种积极的动力大于那些晚起或晚睡的人。

5. 如何让自己更早出门

说实话，对一些"夜猫子"来说，要做早起的鸟儿实在不太容易。我总结了以下几个建议，希望能对大家有所帮助：

（1）把闹钟放得更远一点儿；

（2）设定三个闹钟，最后一个是你应该起床的时间；

（3）闹钟铃声用自己喜欢的音乐，让自己在一个愉悦的氛围中醒来（我的闹钟铃声是玛丽亚·凯莉的 *Always be my baby*）；

（4）头一天晚上准备好第二天要穿的衣服，放在床边，省去早上翻箱倒柜的时间；

（5）使用定时咖啡机，在起床的时间自动煮咖啡，让咖啡的香味和冲咖啡的清脆声音唤醒你，起床可以立马喝上一杯，醒神又消水肿；

（6）每天都让自己有一些期盼的事情发生，比如，今天可以用你新买的卷发棒，或是中午有个美好的约会，或是一个生意今天就要谈成了。

当然我建议大家早起，是在保证头一天有充足睡眠的情况下。不同年龄阶段需要的睡眠时间，大家可以参考下表：

年龄	最佳睡眠时长（小时）
60岁以上	5.5—7
30—60岁	男性6.5，女7.5
13—29岁	8
4—12岁	10—12
1—3岁	夜间12 & 白天2—3
1岁以下	16

根据雅虎财经调查数据，很多公司CEO的共同特点就是早起。

大部分知名成功人士都是早起者——除了本文开头提到的李嘉诚，还有乔布斯、王健林、潘石屹等等。

道理很简单——**一天24小时是既定的。如果你早起，你就拥有更多的时间，做更多的事情**。

《黄帝内经》中说："夜卧早起，广步于庭。"我们中国的古人早已认识到早起的好处。顺应自然才是智慧之道。最后分享本杰明·富兰克林的一句名言："早睡早起使人健康、富裕又聪明！"

与不同风格的老板的相处之道

我刚开始工作的时候，就有公司前辈教导我："不要因为不喜欢周围的人而离职，因为周围的人来了又走。"

潜台词：你不喜欢你的老板和同事吗？等着他自己辞职，或者被公司炒掉吧！但实际上，共事的人还是非常重要的——尤其是掌握着利益分配大权的老板。

的确，老板不会是我们一辈子的老板。但只要他坐在你的"老板"的位子上，就可以决定你是否能够升职加薪、什么时候可以升职加薪；经济不景气的时候，谁被裁员、谁能留下；甚至就算你跳槽了，猎头和新东家，都需要跟你的上任老板做背景调查，拿到老板给你的推荐信，才敢正式与你签约。

无论此时此刻的你面对着一个怎样的老板，在跟你工作交汇的这一段日子里，他对你未来的职业发展规划都产生着重大影响。

1

网上有一个关于职场的大热帖子，作者讲述了自己遇到好老板和坏老板的不同经历，得出的结论是：选好老板比选好公司更重要。

毕竟我们身边都有一个个活生生的例子：因为公司的平台加入，却因为直线老板的"作"而离开。但沈博阳提出了不同意见：

- 作为一名员工，你并没有选择老板的权利。面试过程中，很难看出你老板的好坏，工作过程中，也经常会被动地被换老板。一旦遇到所谓的坏老板，就选择放弃，很难在职场中发展好。

- 哪怕是所谓的坏老板，身上也会有一些值得你学习的点，与其这么容易放弃，不如多学习人家的闪光点。
- 好老板坏老板没有一个硬性的评判标准，更多的是自己的感受以及自己跟老板风格的匹配度。

2

我们每个人，在职场生涯中多少都领教过这样的老板——让你恨得咬牙切齿却又对其无可奈何。与其纠结要不要一走了之，不如在你还没有找到下家的时候，沉下心来，好好练就如何与这些老板相处的本领。

我从身边的朋友身上，总结出五种具有代表性的“极品老板”的类型以及破解方法。

（1）控制欲强类型

“我老板非常龟毛，事无巨细！”

在广告公司的朋友V说：“我的老板特别自以为是。不管什么事情，自己都要去问去看。本来挺简单的事，被他一折腾，就被搞得复杂、烦琐。我看他要么对下属没有信任感，要么过高估计了自己的能力。做他的下属真的很烦，久而久之，连好好做事的心情也没有了。”

相处攻略：既然老板喜欢多问多看，我们就顺着他的风格，主动向他汇报，甚至我们汇报的频率，比他问的频率还要高。

给老板一个印象，你跟他在同一条船上，跟他一样全身心扑在这个项目上；同时也让他知道，你对这个项目的进展是有掌控力的。既然老板喜欢亲力亲为，我们就多多让他参与项目。都说一个人对自己亲自参与的工作包容性更强，更容易给高分。

顺水推舟让老板参与进来（因为你不让他参与他也会参与），变被动为主动，你得到赞赏的概率也会更高。

（2）只顾自己向上管理类型

“我的老板只会拍领导马屁，对下属员工完全不闻不问！”

在教育行业工作的大学同学T说："我的老板，只关心自己是否能在他的上司面前表现，自己是否能够升职加薪。汇报工作时，工作是我做的，功劳却是他自己的。几十页的培训材料，我一个人加了几个周末的班才做出来。材料交上去，公司老大说'写得不错，谁做的？'结果我的直线上司脱口而出，是在他带领下完成的……我的名字提都没提一下……"

相处攻略：这样的老板的确是有点不够厚道了。原因可能是他很想在别人面前表现自己，或者是他本身没有太多安全感。

我们可以在公司内部多提高自己的存在感，参加跨部门的各种活动，多结交其他部门的同事和老板——当然要注意一个度，不要让现有老板难堪，更不要让他感觉受到威胁。

通过这些接触，让公司里除了你老板之外的人，了解你的工作进度和具体做的事情，让更多的人知道你对公司的贡献。最好的办法是，让你老板的老板也赏识你，这样就不怕这个只会向上管理的老板看不到你了。

（3）情绪化类型

"我老板的脾气就像六月的天，说变就变！"

公众号后台有粉丝给我留言："我在一家母婴公司，很讨厌我的一个澳洲上司。他非常情绪化，可能刚搬来新地方各种琐事让他心烦吧。

"比如有一次打印文件，我以前一直都用黑白打印是没有问题的。突然有一天，他当着客人的面，责怪我怎么没有用彩印。我跟他据理力争：明明你事先也没有告诉我你的要求啊！我觉得很没面子很委屈，差点就在客人面前崩溃大哭了……"

相处攻略：首先，自己内心要强大。工作中不要加入太多私人感情。

这样的老板，虽然处事风格可能不够专业，但本质上通常是个好人，刀子嘴豆腐心。对这样的老板要学会审时度势，察言观色。他心情不好的时候尽量按兵不动；如果找到一个好时机，比如他心情好的时候，抓住机会跟他提各种要求。

这并不是说我们要做变色龙。如果老板已经很情绪化了，你还要跟他对着干，或者跟着煽风点火，那就真的难以收场了。我们都希望在职场上实现高效的沟通。当你知道老板是个容易情绪化的人，那就尝试顺应他的情绪，选择正确的时机，做该做的事情。

不要老想着去改变他，你根本改变不了他。

（4）不顾实际情况向前冲型

“我的老板做事特别急于求成，完全不理会现实情况！”

在一家美国私募公司工作的大学同学P曾经找我诉苦：“这个月公司从美国总部空降一个老板，完全不熟悉国内的情况，一定要新官上任三把火，哪里有新业务就往哪里冲。讨厌他三天两头出一个政策，自己改计划比老天爷变脸还快。更受不了，他自己都不知道自己在干什么，瞎指挥，不注意政策的改变。我们无数个日夜做的PPT往往都变成无用功！”

相处攻略：很多国际大公司都有“空降”老板的习惯。如果衔接处理不好，新老板决策很可能出现“水土不服”的情况。即使我们做下属的可能比“空降”老板懂得更多，但在老板意气风发的时候，不要去强行制止他，因为制止也没用。这种类型的老板是不会这么容易就接受现实的。

与其直接否认老板的方案，我们不如向老板列出可能出现的问题。如果老板也觉得找不到解决办法，此时你再提出B计划，慢慢引导老板从“歧途”进入“正轨”。把事情考虑周全，用专业的态度多跟老板沟通。

如果老板仍然一意孤行，个人建议老板布置的任务还是要去执行。在执行过程中，一定会出现各种人和事，对他提出相反的意见。这个时候，你可以在一边旁敲侧击一下，潜移默化地让老板知难而退。

3

曾经有一个高盛的朋友跟我说，按照定义来说，你跟你老板的关系就应该是对立的。

此话一出，解决了很多人的千年纠结——你和老板关系不好，并不是因为他不好，也不是因为你不好，这是由公司架构和你们的职位属性决定的。只要我们一天还没坐到“集团总裁”的位置，我们就有上司。

学会跟不同风格的老板打交道，是职场进阶的一项重要技能。我们完全可以积极培养“向上管理”的技巧，根据老板的不同特点来调整双方的沟通方式，对你的老板施加影响，甚至引导老板“为我所用”，创造一个和谐积极的办公环境，实现个人和公司的双赢。

你与老板的友情

刚工作的时候，我追过一个真人秀叫《好莱坞女孩儿》。其中一期，女主角从著名杂志Vogue跳槽到某时尚服装公司。

入职的第一天，女老板就用每秒五个英文单词的语速跟她说："我不是来跟你做朋友的。"

虽然听上去感觉很刺耳，好像很不近人情，但仔细想想，其实很有道理——对你来说，老板是什么？是否应该跟老板搞关系、做朋友？

要跟一个有权招聘你也可以解雇你、有权给你加薪也可以给你降级的人交朋友，到底是不是一个明智的选择呢？

1

为什么很多人想跟老板做朋友？

和老板交朋友有其显而易见的好处。即使我们大部分人在相对公正的系统里工作，如果你跟老板有比较亲近的关系，那么他有可能会更放心地将公司信息告诉你，批准你放假、报销，甚至允许你灵活地安排工作日程。更重要的一点，老板可能在选择让哪位员工负责重要项目的时候，将你放在优先考虑的范围。

关照自己更喜欢的人，是人类的天性。法国EDHEC商学院的管理学教授穆妮科·法里克曾说："如果你和组织里的某些高层有紧密的联系，那么他们或许能提拔你，传播你的美誉，或是给你提供有用的信息。"

2

然而，你真的处理好与老板的私人关系了吗？

很多时候关系越亲密，越难做事。有句话说，**如果你和某人关系亲密，失望感觉起来会更像背叛**。理论上，大家通常会认为关系越远，越困难，**但事实上，两个人的关系越亲近，反而越脆弱**。

与老板的良好关系，表面上有很多好处，但实际上可能给你造成很大的负担。跟老板走得太近的坏处，包括：

- 你会被戴上趋炎附势的帽子，不管你是否真的有这个念头；
- 你会被认为是老板的卧底，被同事、其他领导视为威胁，被同事孤立；
- 如果对方的级别比自己高很多，难免会有心理压力——我和老板的关系是否真的亲密到可以无话不谈？
- 更有甚者，如果老板是异性，还可能被认为二人有不正当关系。

还有一个重要的考虑就是，跟你关系好的老板如果有一天离职了，以后谁做你的保护伞？

很多时候，人事调动都是办公室权力斗争的产物。你与前老板的好朋友关系，是否会成为新老板的忌讳，你是否会成为新老板的眼中钉，是否下一个离职的人就是你？

3

我的朋友Rita，曾任职某500强外企。用她的话说，当时的印度老板待她如亲闺女，让她有什么问题什么情绪，随时提出。二人看上去无话不谈，亲密到每天一起吃午饭。Rita也觉得老板都是自己朋友了，工作起来很轻松。

直到她被裁员的那天，这位印度老板还亲自帮她打包，送她出门时捶胸顿足，说怎么会发生这样的事，我怎么一点儿风声都没听到，我一定会跟人力资源部的同事再谈谈，看看有没有转圜的余地。

Rita感动到不行，觉得虽然被裁员，但遇到了一位待她如朋友的好上司。

然而过了两个星期，Rita就从其他途径得知，裁员名单正是这位老板亲自拟定交给HR的；理由是，她面对客户不够积极，还不如新来的实习生。

她深深感叹，在职场中，哪怕跟老板表面上成为朋友，该公事公办的时候，还是没有私人感情可言的。

老板表面上对我们好不好，并不是评估我们工作水平的标准。**想在职场进阶，关键要专注于提高业绩，专注于提升自己的不可替代性，而不是想着跟老板搞好关系就可以走捷径。**

说到底，职场中拼杀，靠的还是实力。

4

那么，问题来了：既然我们来这里不是做朋友的，那做什么呢?

答案很简单：当然是工作。**这里是职场，来这里是工作的，请专心工作**。要找朋友请到职场以外。

我一位香港前同事，大美女一枚，遇到一位新上司，人还没来，她就已经打听到此人言行粗鲁没有修养。人到了以后，发现跟传言有过之而无不及。她非常郁闷，一段时间经常找我喝咖啡，借机跟我诉苦，说她多么不喜欢这个新上司。

我当年只是职场小白，没有什么建设性的意见可以给她，最多做她的垃圾桶。但过了半年，她居然再也没有抱怨过，反而似乎跟那位上司相处无碍，工作更带劲了。

我问她："什么让你发生了这些转变?"

她说："一开始我真的很不喜欢这个人，每天上班坐在新上司身边，听他各种粗口和低俗谈吐，觉得度日如年。但我又很想在这个岗位上继续做下去。**我问自己，难道我要因为不喜欢上司，而辞职离开这个富有前景的职位吗?**

"后来我意识到，**我是否喜欢我的老板，跟我是否能跟他一起工作，**

并没有必然的关系！我不需要喜欢他，他也不需要喜欢我，我们不需要做朋友；我们需要的是，将客户关系管理好，把业绩提上去。他有很多客户资源，弥补了我作为新人的不足，我可以接触到这些客户，对我自己的职业发展也有很大的提升。最重要的是，他加入后我们团队的确可以达到业绩目标。业绩好了，我自己的年终分红都上去了，我还有什么不可以跟他共事的呢？”

既然不是朋友，**就用专业眼光来看待彼此的关系——在这里，我是来工作的，然后基于我的工作表现拿到属于自己的回报——薪金、人脉和职业发展机会。**

5

同样的道理，很多人都有被老板骂的经历。投行里大多数员工都被形容为“很强硬”——不仅因为他们名校毕业、双商超群，更因为他们能够在巨大的压力下保持超强的战斗力和意志力。

我的朋友Harry在摩根大通做交易员，现为亚洲固定收益市场的总监，每年都出席摩根大通在各大高校的校园宣讲会。他总是喜欢分享这个故事：

在Harry还是实习生的时候，某天下午，老板安排他在会议室里做数据模型。他觉得做得八九不离十了，就请法国老板进来验收。老板试着运行了一次数据，接着合上了笔记本电脑。

下一秒，他听到老板破口大骂：“如果还没有做好，就不要浪费我的时间！”Harry还来不及反应，就听到“嗖”的一声，笔记本电脑从他耳边飞过，险些砸中他的脑袋。原来有一个小程式写错了，他没花心思检查，导致整个模型都无法运行。

Harry说这个场景到现在都历历在目——上一秒还和颜悦色的老板，突然就大发雷霆。“关键是，我来投行实习，没想到脑袋竟然差点开花。”

从此以后，他交任何报告前，都会仔细检查再检查，做到精益求精，升职的速度也异常快。

“如果你没做好天天被骂的准备，那就不要进投行。”

我问Harry：“这个险些给你造成人身伤害的老板，你们早就断绝往来了吧？”

他笑笑说：“相反，他一直都是我的老板，直到三年前他退休——有本事的人四十五岁就赚够了钱，估计他此刻正在瑞士滑雪呢。他是我在投行的第一个前辈，没有他的严厉，也许到今天我也只是混日子。我感谢他给我上的第一课。其实大家都是想把工作做好，做好了才有业绩，有业绩才能拿到报酬，才能早早退休啊。**我一早就意识到，我跟他从来都不是、也不会是朋友，但这并不阻碍我们共事，不阻碍我从他身上学习。他虽然有情绪病，却是我一辈子都非常敬佩的人。**”

与其说投行人有过硬的心理素质，不如说他们对办公室关系有特别清晰的认识。他们深悉这个道理：工作场合不需要带入太多的感情因素，没有永远的朋友，也没有永远的敌人。做错事的时候，对事不对人，把情绪、抱怨收起来。

职场里不相信眼泪。就像我前面提到的，在公司把自己当成一个高级机器人，**用专业的态度对待周围的人，用业绩说话，不需要把过多的私人感情带进职场。**

接受这一点，就不会在老板批评你的时候哭鼻子，也不会去奢望跟老板做朋友而得到免费的面包。

6

靳东扮演的贺涵在《我的前半生》里也有这样一段职场金句：“你来工作是来赚钱的，不是来交朋友的。如果能交到朋友那是惊喜，交不到朋友那才是正常的。”

任何两个人的关系，如果加入感情因素，都会在一定时间内出现摩擦。父母儿女之间都有矛盾冲突，恋人还有七年之痒呢。如果将职场的关系私人化，势必将面临同样的问题。

但是职场的性质，注定我们无法像感情里，基于爱去彼此谅解包容。职场里，所有的关系都以工作表现、利益分配、生意成败为基础。因此，最好的处理方法，**就是和老板拥有一段积极的、互相信任的关系，但同时还要清楚地意识到，我不会跨过这条线过分向私人关系发展。**

我们或许不能从老板那里得到真正的友情，但老板可以给你指引方向，给予你一个施展才华抱负的平台。他不需要与你做朋友，却可以因为你的实力和勤奋而欣赏你，给你更多的机会。

与老板友好相待，并不代表你们要成为朋友。

不与老板成为朋友，未必不是一件好事。

不要再纠结是否跟老板做朋友，而要把时间和精力用于自己的职业规划发展。在这一过程中，你必定将获得与你所匹配的回报。

巧谏言之法

我的第一次职场体验，并不是高大上的投行、华尔街，而是在桂林阳朔的一家餐厅做实习生，给顾客端盘子。

所谓“桂林山水甲天下，阳朔山水甲桂林”。阳朔是最早确定的“国家级风景旅游名胜区”之一，是一座有着两千多年历史的城镇，游人如云。不到一千米的西街，位于阳朔县城中心，由石板砌成，呈弯曲的“S”形。街上摆满了各种旅游纪念品，还有极具特色的餐厅、酒吧、攀岩俱乐部，等等。

西街是外国人密集的一条街，每年来这里旅游、居住的外国人是阳朔本地常住人口的三倍。在高一暑假，我到西街上的一家餐厅做了为期两个月的实习生，我所得的薪酬就是与外国顾客交谈、锻炼英文口语的机会。

跟我一起来的还有同班同学洁洁。洁洁后来是我们学校毕业生中最出色的学生之一——她高考免试进入北京外国语大学，毕业后成为一名优秀的外交部职员，现在代表我国驻扎在“一路一带”国家的驻外大使馆。

而洁洁的“外交”能力，在当年的端盘子实习中，就已经完全显现了出来。记得实习第一周的某天中午，一行大概十个金发碧眼的游客进了餐厅。我立刻接待他们到一个大餐桌坐下，顺利地点好了菜。

没一会儿，阳朔的特色菜“啤酒鱼”就做好了。我小心翼翼地端上了桌子，然后用这段时间说得最多的一句英文说：“Please help yourself.”（请随意用餐）

一般来说，顾客都会礼节性的回一句“谢谢”，然后愉快地用餐。

但今天的顾客有点不同。其中一个老外皱起眉头：“我们怎么随意用餐？鱼刺还在上面呢！”

我憋红了脸，支支吾吾想了半天不知道如何应对。这时老外急了，直接说："把你们的经理叫过来。"

洁洁反应很快，她的英文也比我好，马上冲上来帮我解围——先跟客户说对不起，说我们刚来实习，请多多包涵。啤酒鱼是我们阳朔的招牌菜，这是我们中国人的吃鱼方式，但如果顾客需要，我们这就回厨房重新做无刺的鱼。

最后总算息事宁人。我第一次正面遭遇文化差异——难道外国人吃鱼跟我们不一样？还是他们在故意刁难我？我郁闷了很久。

当我还在惊吓中时，洁洁却在做一件更重要的事。接下来的两周，啤酒鱼有鱼刺的问题基本每隔两三天就发生一次。洁洁鼓起勇气，跟老板娘提出我们餐厅应该要做无刺的啤酒鱼。

老板娘的第一反应："我们这家餐厅开了这么多年，啤酒鱼就是这个做法，老外们事多，别理他们就好了。"

洁洁听了，没有立刻反驳老板娘。

又过了两周。突然有一天，老板娘跟大家宣布，厨师将根据顾客的需要来做无骨的啤酒鱼。

作为一个刚开工的高中实习生，洁洁如何在短短两周内，得到老板娘的信任，让餐厅一改多年的运作方式，让老板娘听取她的意见呢？

1. 换位思考：站在老板的角度去思考问题

所谓理解万岁。老板也是人，也希望别人能够理解他的苦衷。我们觉得老板那么不可理喻，很多时候，**可能是我们没看到他考虑问题的角度和范畴**。洁洁做到了从老板娘的角度考虑，她很明白老板娘在想什么。

- 这是一家餐厅，餐厅就是希望多一些客人来用餐。
- 而鱼类绝对是利润最高的菜肴之一，尤其是招牌菜——啤酒鱼，老板娘一定希望鱼卖得越多越好。
- 但同时，老板娘又不想增加餐厅的成本，把鱼刺剔掉的确需要人力和时间成本。
- 被动地在顾客投诉的时候再做无骨鱼，也可以让顾客吃到他们要求的鱼，没什么大不了的。

所以最开始，老板娘是拒绝的。洁洁当然非常明白这一点。

当老板娘拒绝她的建议的时候，她并没有据理力争，也没有在背后抱怨老板娘怎么不为顾客着想，而是回家后慢慢琢磨，做好调查，从老板娘的角度，去分析这件事对餐厅营业额的长期影响。

因此，当她再次提出建议的时候，她的陈述就变得很有说服力了。这就引申到第二点。

2. 精准表达

很多时候，大家并不是没有能力，给出的建议也很合理，但为什么就是得不到老板的采纳？原因可能是你的表达方式需要改进。

洁洁在第二次跟老板娘提出建议的时候，没有找借口说老外的要求不合理，也没有提其他任何没有建设性的理由。

洁洁只专注于表达一个事实，用事实的论点和论据来说话。

- 并不是所有老外都会用筷子。
- 并不是所有老外都希望“入乡随俗”。客人们玩累了，没有精神从鱼里挑骨头，可以理解。
- 如果游客因为不会挑刺而卡住喉咙，甚至发生意外，对我们餐厅将是毁灭性的打击。
- 啤酒鱼是我们餐厅的招牌菜，也是我们利润最高的菜色之一。
- 西街上有一两家餐厅，已经开始为顾客提供无骨的啤酒鱼。
- 当时很多外国网站已经开通了点评系统，顾客会上传在我们餐厅的用餐体验。如果我们服务比别的餐厅更好，相信会有更多的顾客尤其是外国顾客光临。

综上所述，洁洁得出的结论是：我们希望顾客多点啤酒鱼，以及我们希望顾客吃啤酒鱼的时候安全开心，以此吸引二次消费和良好的口碑传播。

职场中的表达，就要像洁洁一样，**避免加入个人化、情绪化的因素。表达简明扼要，符合逻辑，切实可行。**

3. 提出问题的同时，给出解决方法

在第二次跟老板娘提出建议时，洁洁给出了一套完整的解决方法：

- 方案：在菜单上“啤酒鱼”一项，增添一个“加五元可去骨”的选项，一来我们可以用五元来支付成本，二来根据不同顾客的需求给他们多一个选择：不需要去骨的顾客，可以选择原价的传统啤酒鱼；需要去骨的顾客，能够以很低的成本吃到他们喜欢吃的鱼。
- 执行方案：餐厅现有二十张菜单，全部无须更换。我们可以用一张纸打印二十个“加五元可去骨”的小标签，剪下来用透明胶贴在菜单的“啤酒鱼”售价旁边。
- 执行者：洁洁。

洁洁的解决方案并没有什么特别，但是她为老板节省了时间和精力，为老板提出了可行的解决方案，并且用较低的成本解决了问题。

关键是她还亲自执行了这个方案。

最近我的一位朋友，某证券公司高层，也跟我聊到类似话题：“我部门有一位新妈妈休完产假回到公司，很明显精力不如从前。终于有一天她跟我说，老板，是否可以给我一些机动性的工作时间，让我可以灵活地处理家庭和孩子的事情。

“我心里其实很高兴她主动跟我沟通。我自认为是一个知书达理的上司，相信高效率，不相信刷脸。

“于是我愉快地问她，我理解你的情况，你可以告诉我，你想要怎样的灵活性呢?

“结果，她竟然完全没有想好！一开始说，您看着办好了，过一会儿又说，要不我自己再坚持一下吧。

“其实同是职场妈妈，我完全明白她的情况，也希望可以帮助她。但我不明白的是，为什么她没有做好准备就跑来问我。”

老板需要的是，在你提出问题之后，给出一个解决方案。如果连你自己都不知道自己想要什么，老板又如何帮助你呢?

4. 表达的时机和技巧

好的时机非常重要。跟老板提建议，一定不要当着所有人的面说。

我们要找个好的机会，做好充足的准备再与老板沟通。洁洁也是选择在大家都不在场的情况下，单独跟老板娘提出建议。

在一个只有你和老板两个人的环境中，老板需要考虑的外界因素少了很多，即使你的建议很尖锐，也不用担心有损老板的面子和威严。所谓“赞扬的话要当着所有人的面讲，而批评的话只能关上门单独说”。

洁洁找了一个时间点，就是在老板娘儿子收到了重点大学的录取通知书之后的那天，老板娘心情特别好。洁洁找到老板娘，问能否跟她在工作间单独谈一谈。

老板娘心情好，自然更容易接受你的建议。尤其是在你把方案和执行都已经安排好的情况下，对于老板娘来说，你就是一个为她省心省力的好员工。

5. 让自己的话语有分量

说话有分量，并不一定是话说得多。**但你说的每一句话都一定要在点子上。尤其在你的观点里，必须有别人没有想到的东西。哪怕只有一点都好。**洁洁告诉我，当她说到“在西街上我们最大的两家竞争餐厅已经在提供此类服务”的时候，老板娘眼睛一亮，说没有人跟她说过这件事，并感谢洁洁做了调查。

在职场，一个人能不能发挥自己的才华，关键在于你的上司是否给你机会；一个上司给一个人施展能力的机会，取决于他对你的信任。说到底，能够让老板听取并采纳你的意见的员工，一定是老板信任的员工。

让老板采纳我们的建议，其实只是一个开始。要建立一个长期的信任机制，我们需要在老板采纳自己的意见之后，全身心地投入执行和落实，并在适当时机，向老板做出汇报反馈，拿出具体的数据。

在长期的积累下，你就会在老板心目中树立一个“你办事我放心”的印象，老板会越来越信任你，你在老板心目中的分量也就越来越重了。

极品老板与升职加薪之路

人有千千万万，老板也是五花八门。在本章第二节中，我们列举了五种不同风格的老板。

你的老板是好老板吗？你一想到上班是否充满了动力，摩拳擦掌，还是你每天都打不起精神，总是在心里问自己“我是不是跟错人了”？

究竟怎样的老板，才是个好老板呢？

1

我们首先来看个例子：

我曾经在公众号后台收到一个粉丝的留言，一个毕业两年的小伙子P，说看了我的“如何跟不同风格的老板相处”后很受启发，只是他的老板不属于其中的任何一种，想跟我请教一下与老板的相处之道。

我索性加了他微信，于是就聊了起来。

小P：“Susan姐，我工作两年了，说来我们也算同行。我在一家国企做私募工作。虽然待遇之类的挺不错，也学到了不少东西，但美中不足的是我的老板……”

Susan：“老板咋了？”

小P：“他是个五十岁的油腻中年男子，虽然在国外待过，但是完全土豪作风。”

Susan：“具体怎么土豪法？”

小P：“对待客户一副老油条的样子，完全没有绅士风度。请客户吃饭，餐桌上总是要喝酒，说话很大声还不算，尽说些完全跟工作无关的内容；平时上班迟到早退，有时候甚至几天不见人。”

Susan：“他喝酒有逼你喝吗？”

小P：“倒是没有强求，我不喝也没什么太大问题。”

Susan：“那他喝酒和不上班，跟你有什么关系？影响到你工作了吗？”

小P：“没有……但就是看不惯！我从国外毕业回来，很受不了这种土豪作风。”

Susan：“他在公司多久了？什么职位？”

小P：“他在公司快十年了，行业有二十年了。很高层，是中国区的第二把手。”

Susan：“他业务能力怎样？做了十年了。”

小P：“不否认他很会搞关系，基本上国内的客户，没有他搞不定的，大老板有时候还要求他帮忙出面搞定难缠的客户。”

Susan：“你觉得他除了搞定客户外，是不是一无是处？”

小P：“也不能这样说吧。他经常不在公司，手头上一些业务还是肯给我这种新人去做的。”

Susan：“见客户的时候也都带着你吧？”

小P：“是呀，不然我怎么看到他喝酒的嘴脸。”

Susan：“你现在什么职位？”

小P：“现在是资深经理。”

Susan：“哦？才工作两年，那很不错啊！”

小P：“我工作很努力啊！”

Susan：“我周围很多人也都很努力啊，但你算是上升得很快的。”

小P：“我手中有些客户资源，公司比较器重我。”

Susan：“你是富二代？客户自己带来的？”

小P：“当然不是啦！跟你一样小城市长大，哪来的资源？是老板这两年慢慢给我的。”

Susan：“就是你看不惯的那个老板？”

小P：“对！”

Susan：“这几年除了升职，有没有加薪？”

小P：“那既然升职了，也肯定相应加薪了呀！”

Susan："比起你的同期如何？"

小P："的确比他们强不少，很快就可以在北京付首付了。"

Susan："现在你觉得你老板怎样？"

小P："嗯…… Susan姐，我懂了。谢谢你。"

2

我们再来看一个例子：我的一个在上海的朋友W，工作八年，做到了500强快消公司的中高层。今年她终于跳槽了，也是旗鼓相当的快消公司。据说工资翻倍，老板也是业界出名的"老好人"——从来不会训斥下属，对人总是笑脸相迎，对团队也没有苛刻的业绩要求，是大家眼中的"世纪好老板"。

我恭喜W说："你在旧公司苦了这么多年，现在终于守得云开见月明了！"

W说："哈哈还真的是，现在的老板完全'放养'！销售业绩吧，能达到当然好，达不到他也不会说什么，永远笑嘻嘻的。比起以前公司的'母老虎'上司，简直一个天上一个地下。"

然而过了半年的年中业绩评估，W突然一反常态，找我诉苦："我的老板实在太软弱了！明明在我加入时已经口头说好了，上半年不管业绩如何，年终给我升职到区域经理。怎么今天突然跟我道歉说，今年整个行业放缓，升职名额全公司只有一个，隔壁部门业绩比我们好，让给他们吧？"

W说着都快哭了："我现在看到他那副笑嘻嘻的嘴脸就反感！"

做"老好人"有什么用，不给我升职加薪，算什么好老板？

3

曾经有人问俞敏洪，遇到讨厌的上司怎么办？

他回答，首先要找到这件事情的源头。你讨厌上司，到底是因为你真的不喜欢他，还是因为他不喜欢你。还有你讨厌他是因为什么，他讨厌你又是因为什么。

如果你讨厌他是因为他比较直截了当地批评了你，他做事情的风格跟你不合，或者说他对你的工作有比较严苛的要求。遇到这样的上司，虽然你会心里紧张，但不应该讨厌。**原则上，这是你的幸运。因为你能够通过他对你工作的严格要求，做事情更有效率，从而获得更快的进步。**

还是我经常强调的那句话——大家是来公司上班的，不是来交朋友的。

比交朋友重要一百倍的事情是，你现在做的这份工作是不是能够学到东西，这件事情是不是你真正喜欢做的事情。如果这份工作能使你学到东西，或者你喜欢做，那么即使上司讨厌一点儿也还是可以忍受的，因为你个人的成长才是最关键的。

俞敏洪说，他身边就有一些非常有个性、非常独特的朋友，包括新东方的一些老师。**他们不喜欢自己的上司，但是双方依然工作得很愉快。这是因为他们在发挥自己的才能和才华，并且能够在上司那里得到发展机会。**

因此，最重要的还是你能不能在工作岗位上得到个人的成长和进步。

4

一位媒体大咖在分享她的职业历程时说道，她曾经和某位业内前辈倾诉过，自己在职场伤心的往事和各种挫败，尤其是开头几年在大杂志社里，被顶头上司逼着，连续两年周末都要加班。

这位前辈听完了，笑着对她说：“**真的很羡慕你，为什么我没有一个对我那么狠的上司呢？你要知道，如果没有这样被狠狠虐过，你也不会有今日的实力。**”

这位媒体大咖突然茅塞顿开。

“不要和年轻人讲道理，让他们去做，不要告诉他们答案。”

很多人都觉得“好老板”是应该被珍惜的，却不知道“坏老板”更能激发你身体里未知的潜能。

看到这里，相信大家都看明白了：**一个好老板，是一个愿意给你机**

会，让你去试错的老板。**最重要的是，他会用心栽培你；在你有升职加薪的机会时，他一定帮你争取。**

我个人认为，这是判断一个老板好坏的唯一标准。

虽然，这个“栽培”的过程，也许会给他戴上“极品老板”的帽子。但在你的职业开挂后，回头看，你一定会感谢这个“极品老板”的。

第三章

Chapter 3

纵向发展

你的　职场

升职加薪的谈判

最近我跟几个做到高层的女性朋友吃饭，谈到了当今职场中的性别差异。有调查表明，老板更喜欢跟女性员工谈升职加薪，原因是大部分女性在谈到薪水的时候，会表现出害羞、犹豫不决。

在女权主义盛行的当今，即使是在投行这种“男生女生都当牲口用”的行业，也普遍存在这样的现象：很多女性员工，一谈到升职就觉得难以启齿，即使在业绩做得节节高的情况下，明明做足100分准备，当老板坐在对面的时候气场就弱了，一定要打个折，说只做到了80分，自己还有进步空间。

相比而言，大部分的男性员工，无论业绩做成怎样，都会倾向于把100分说成120分。业绩好的时候，肯定是自己的功劳；业绩不好的时候，就说是市场大环境不好，但正是因为有自己在，业绩总算没有太差，总之公司没有他不行，升职加薪必须首选他！

即使是在业绩效果相差无几的情况下，男性员工升职的成功概率，还是比女性大很多。其实不管男生女生，不好意思跟老板开口，可能是因为没底气，担心被拒绝。

与其纠结男女差异，不如好好学习并掌握跟老板谈判的技巧，将这件事情的成功概率变高，这样就不用害怕被拒绝了。我一直都强调，**我们要在“对的时间，在对的地方，跟对的人，说对的话”**。做任何事情都是这样，跟老板谈薪资更是如此。

1. 对的时间

谈升职加薪不要等到年末。一般来说，大部分公司的年终评估在11—12月。殊不知，如果等到年底再提就已经错过了良机。因为年底评估的时候，整个公司的来年预算已经基本决定，分红奖金也已经规划好了，这个时候谈了也只是白谈。当然每个公司的加薪时间表不一样，有的公司每半年做一次调整，有的每季度都有调整。无论如何，在正式的业绩评估之前，我们就应该向老板吹耳边风了。

阶段性地向老板展现工作成果。这不仅是刷存在感，也是让老板了解你的工作进度。平时老板都不了解你的工作情况，你突然某天跳出来跟他说你要加薪，可想而知成功概率不会太大。

在你的业绩超过预期，或是谈成了一单大生意，或是为公司成功处理了一次公关危机的时候，都是谈升职加薪的好时机。说到底，公司看的是你的业绩。

老板心情绝佳的时候。我有位前同事H，她的业绩和人际关系都很好，但第一次跟老板谈加薪的时候，竟然遭到了拒绝，让我们所有人都大跌眼镜。后来才知道，她找老板谈的那天，老板刚好要处理其他地区员工辞职的问题。老板心烦气乱，哪怕H是眼前的红人，也吃了闭门羹。虽然过了一段时间之后老板还是给她升职了，但我们为什么不找到好的时机，一次性搞定呢?

2. 对的地点

在老板办公室或是公司会议厅。**需要找一个相对私密和安静的空间，**不要有其他人在场。在大部分公司，个人薪金属于人力资源部门严格要求不可以泄漏给任何人（包括你的同事）的商业机密。

先用书面的形式（一般用电邮）跟老板约定面谈的时间，内容可以写你希望跟老板谈谈职业发展情况，有经验的老板一看就明白你想要跟他说什么了。

下面分享一个英文样板给大家参考：

Hi ×××,

I would like to see if you have time to meet up to give me the opportunity to reflect on my performance and to discuss about my career path.

If convenient, please let me know an appropriate time to meet and I will reserve a conference room.

Thank you very much in advance for your attention.

Best regards.

×××

就是这么简单！发出这个电邮，你就走出升职加薪的第一步了！

3. 对的人

老板——有决定权的人，这个人如果是你的直系老板最好。直系老板最了解你的工作量和工作水平，在你的升职加薪批准过程中最有话语权。

赞助——寻找几个公司里的赞助人。在一些外资公司，当你升职到管理层的时候，公司会要求申请书上有除了你老板之外的两个“推荐人”。这个推荐人一般是管理层级别。这个时候，在公司内部的好人缘就很重要了。平时我们不仅要埋头苦干自己的工作，也需要跟别的部门沟通合作。最好是跟与自己部门业务相关的部门领导多交流，得到对方的欣赏和支持。这个方法对职场新人同样适用，毕竟能够在公司里找到“导师”，绝对会给你的职业生涯助力。

猎头——从猎头或者同业朋友中了解市场的薪金情况，做好功课，了解所在行业的薪酬水平，在谈判薪水的时候才能有据可依。如果有猎头正在以3倍底薪挖你，那么恭喜你！你如果没有计划离开现任公司，也可以从侧面将此消息传到老板耳中。如果老板很器重你，他一定会有所表示。

4. 对的话

谈判的时候，目标明确。单刀直入，直截了当，不要拐弯抹角，更不要犹豫。

很多人的心理是，老板没跟我提过升职的事情，是不是因为我还达不到他的要求，还不到火候？实际上并不是这样的，老板一般都非常忙，处理公司大小事务，**很少有老板主动跟员工说要给他升职加薪的**。再加上，老板都喜欢积极主动的员工，谈升职加薪，证明你希望做出业绩，希望在你的职场生涯中更上一层，老板当然很高兴。**你不提出，老板怎么知道你想要呢**？

抓住业绩说话。每个公司都有自己的一套晋升和涨薪标准。我们要熟悉这些标准，在和老板谈判前一定要做好准备，尽可能用具体的数据、事实、用你对公司的贡献来说服老板。例如，谈成了哪些项目，这些项目给公司带来多少利润，比起去年同期增长了多少，等等。老板最无奈的，就是谈加薪的时候，听到的理由是“我有房贷”“我要养小孩儿”。当然，这些都是非常正常的理由，但是公司不是慈善机构，即使老板对你的状况感同身受，也无法在你的申请书上拿这个作理由——公司评估一个员工必须是拿业绩说话。

如果无法批准加薪怎么办？也许公司因为各种客观原因无法立刻给予你期待的职位或薪水，但不要放弃，你可以借此机会为未来的晋升铺路：“老板，我想请教一下，如果我希望在下一次的业绩评估时，达到我希望升职的职位水平，我需要达到哪些标准？我需要在哪些方面做出更大的努力？”听了这话，老板一定会给出几个方向。**此时我们一定要抓住机会，进一步问老板具体的要求和指标，将其具体化、数字化**。这样一来，你的奋斗目标就非常清晰了。等到了下一次谈升职加薪的时候，你可以拿出具体的数据来说话。如果你达到了这些要求，老板依然不给你升职，那就是老板不厚道了。

此时还没完，虽然这次的职位和薪水没升上去，我们仍可以争取别的员工福利，比如交通费、住房补贴、奖金分红、休假天数等。

表明自己的忠心——你要求升职加薪，但不会拿这个做筹码威胁老板，而是相反，你希望在公司得到进一步提升，继续在岗位上发光发热。

不要用辞职威胁老板，除非你真的找到了下家，并决定了不升职就走人。

当今社会职场的竞争愈来愈激烈。在职场中，除了个人自身的发展之外，竞争的核心无非就是升职和加薪——升职和加薪是对你工作表现的最终肯定。

很多人职场上发展不顺利，并不是因为业绩不好，也不是因为能力不足，而是因为没有跟老板谈判薪资的底气和技巧。所以，大家除了平时兢兢业业埋头苦干之外，千万不要忘记重要的一点——在对的时间、对的地点，大方自信地跟老板谈判升职加薪。

稳坐职位之法

我的一个中学同学X，上个月失业了。

他在一家500强快消公司做了超过十年的IT，用他的话说是“没有功劳也有苦劳”，没有想到公司新来了两个毕业生，就把他取代了。

不管是毕业生，还是已经在岗位上多年的老员工，只要在职场，我们就面对一个不变的话题——我们应该怎样做，才能避免被裁员？我的建议是：

1. 让自己成为“核心员工”

对大部分公司来说，80%的利润是由20%的人员创造的；而对于老板来说，他的心目中一定有一个企业20%的核心人才名单。如果我们能在这份“核心员工”名单上，除非公司倒闭，裁员基本就没我们什么事了。

怎样的员工才算是核心员工呢？

（1）让自己不可替代

靳东扮演的贺涵在《我的前半生》里有很多职场金句，其中一句是：“你一定要做到可以取代任何人，然后再考虑做到任何人都不可以取代你。”

一旦进入职场，我们的首要任务，就是把所有别人能做的，都学会。接下来的任务，就是让自己做的事情，别人都取代不了。

在第一章第二节的“增强你的不可替代性”里，我们详细讨论过——要增加自己的不可替代性，我们要以实力说话，可以从别人不愿意做的小事做起，成为职场稀缺品，同时抓住公司和老板的核心需求。

（2）与公司一同成长

为什么大部分公司都喜欢管理培训生？裁员一般都不会从这些人身上下手？因为公司是由人组成的，人是有情感的。每个人都会对由自己一手提拔的人更加上心，原因在于双方一同成长、一同进退。

裁员潮来袭，原因可能是大环境不好，可能是行业的改革，也可能是单个企业的效益不好。作为一名员工，当公司处于水深火热的时候，如果能够表现出与公司同舟共济的信念，表现出对公司和老板的忠诚，而非迅速跳槽或落井下石，相信在雨过天晴的时候，你将以“功臣”的元老级形象再次出现。

（3）做性价比高的员工

高性价比的东西在哪里都受欢迎，员工也是如此。

京东员工曾在网络上爆料，说京东内部邮件，要求坚决淘汰三类人：

① 不能拼搏的人。

② 不能干的人。

③ 性价比低的人。

前两点都很好理解，第三点就比较耐人寻味了。

如何成为性价比高的人？

这个“性”，就是你的能力，你能给公司带来的价值。

这个“价”，就是你的价格，也就是我们说的薪资。

简单地说，我们要成为一个给公司带来的价值，高于公司给我们薪资的人。

一个最简单的自我评估标准：大家可以审视自己平时的工作量和业绩成果，然后对比公司的其他员工——跟我的贡献差不多的员工，大部分的薪资是比我的高，还是低？如果高，那么请你立刻温习本章第一节“跟老板谈升职加薪的技巧”；如果低，那你就要小心成为下一个我的朋友X。

论工作能力，X肯定不比毕业生差，他有十年的工作经验，但同时他的薪水也比毕业生高很多；而毕业生的可塑性以及主动性比他都要强，在公司眼中，稍加培训很快就可以做X做的事情。X失业，归根到底是因为他的性价比下降了。

2. 增加自己的“附加值”

在这个跨界盛行的社会，我们都可以做斜杠青年。

首先，我们可以做行业内部的“跨界”，不仅专注于自己部门的业务，同时还可以学习别的技能，比如电脑编程、第二外语、多考一个资格证书等。当你一个人能兼职多项工作时，你就能成为老板眼中的香饽饽了。

其次，我们也可以在行业外“跨界”。在我的朋友圈中，越是精英，就越是不停地给自己“增值”——比如在电视台工作的总编，学习起了如何经营电商；在金融行业工作的高层，业余时间是瑜伽教练。

我的朋友Jolin，本来做某中资证券公司的股票分析员，在金融街过着金领的生活。三年前机缘巧合接触到了KOL领域，自己从珠宝手模做起，时不时在社交媒体平台发好看的照片，积累粉丝，到现在已经成为华南地区前十名的KOL。

前几年公司裁员，她索性主动辞职，与其说公司炒她，不如说她炒掉了公司。现在Jolin全职经营自己的KOL平台，获得了很多大品牌的合作机会。问Jolin有没有后悔辞职，她很直接地说，我现在每个月赚的钱，比以前多，还能有灵活的工作时间。我每天都可以穿得美美地出席品牌发布会和明星聚集的晚宴，哪里来的后悔？

所谓多一个技能，就多一个门路。

永无止境地学习才是王道。

3. 做好最坏的准备

有句英文谚语我很喜欢：

Hope for the best, prepare for the worst. 意思是我们平时要积极乐观地做事，但同时也要为最坏的情况做好打算。

我们如何未雨绸缪，当裁员真正降临的时候，能够淡定地面对呢？

（1）明确补偿金

了解清楚企业的人力规章，裁员时尽最大可能争取自己的权益。

在确定离职日期后，看清楚你的保险期限有多长，退休账户能给你返还多少，或是你带薪假期用掉了几天。

以下是我国法律规定的补偿条款，仅供大家参考：

《违反和解除劳动合同的经济补偿办法》第九条 用人单位濒临破产进行法定整顿期间或者生产经营状况发生严重困难，必须裁减人员的，用人单位按被裁减人员在本单位工作的年限支付经济补偿金。**在本单位工作的时间每满一年，发给相当于一个月工资的经济补偿金。**

《劳动合同法》第四十七条 经济补偿按劳动者在本单位工作的年限，每满一年支付一个月工资的标准向劳动者支付。**六个月以上不满一年的，按一年计算；不满六个月的，向劳动者支付半个月工资的经济补偿。**

第八十七条 用人单位违反本法规定解除或者终止劳动合同的，应当依照本法第四十七条规定的经济补偿标准的二倍向劳动者支付赔偿金。

在此提醒大家，我们不需要立刻签署任何协议，而是在确保清楚自己的遣散费安排之后再签。同时，不要害怕问问题。

（2）分析现金状况

虽然被裁员并没有想象中那么可怕，但也不要低估了求职所需要的时间。大家应该为自己的求职计划出至少三个月，所以如果没有现金熬过这么长时间，那就专注于临时性的工作，来支撑自己的现金储备。

在这里，我必须要强调一下平日做好理财计划的重要性，不要等到捉襟见肘了才想怎么办。

不管你处于人生的什么阶段，在外企还是国企，任何时候开始理财，都为时不晚。话说："你不理财，财不理你。"

《人民日报》曾经有一篇文章说过，一个月省下100元做理财，从20岁到60岁，是637800元；30岁到60岁，是22万元；40岁到60岁，7万元；50岁到60岁，2万元。

钱生钱是长跑冠军，理财一定要从年轻时开始。

首先是储蓄。在工作的时候养成良好的理财习惯，那么你将可以积累一笔本金。就算中年遭遇裁员，也不用担心日常生活受到影响。常见的储蓄理财有：银行存款、国债、货币基金等。

其次是投资。简单来说，就是购买理财产品，达到钱生钱的目的。

当然，理财产品风险越高，收益也就越高。这需要你具备一定的风险承受能力。

我自己一直运用的理财依据是标准普尔建议的资产配置方法，俗称“1234法”。它把资产配置分成了四大块：

- 要花的钱（如3—6个月生活费）10%。
- 保命的钱（专款专用，如重大疾病保险等）20%。
- 生钱的钱（用于投资的钱，如股票、基金、房产等）30%。
- 保本增值的钱（如养老金、教育金等）40%。

以上四项分别占了10%、20%、30%和40%。

那么，生钱的钱跟保值升值的钱之间要怎么分配呢？

除了上述的“30%”和“40%”之外，我们还可以参考“100－年龄”法则。随着年龄的增长，我们承受风险的能力也会降低。因此，“100－年龄”法则可以用来确定生钱的钱的比例——用100减去你的年龄，得出的数字就是你能投入高风险的投资，比如股票或股票基金里的资金比例。

举个例子，对于年龄在20岁—30岁的人而言，可考虑将其中的20%—30%，投资于稳健型投资品种；剩下的70%—80%可以投入风险稍高、回报也相应较高的产品中。

当然，“100－年龄”只是一个参考指标，**大家应该根据自己的实际情况和风险偏好来决定**。

（3）不要只是原地等待，现在就开始求职

当确定被裁后，不要傻傻地等待离职日。你现在就应该开始找工作啦！

首先更新你的简历。

其次打开你的通信录，联系所有你认识的猎头和行业内的朋友。

你还可以上领英、51Job等找工作的平台，更新你的信息、简历等。一般来说，这些平台都非常智能，你一更新，他们就意识到你可能开始找工作了，大数据就会将你的信息显示在猎头或者相关公司的页面上。

我试过在某平台上更新了一次头像（当时并非在找工作），接着几个星期我的电话就被猎头打爆了。

最后还是那句话：“塞翁失马，焉知非福。”

如果我们真的不幸被裁员，这看上去确实是非常令人沮丧的事情。但我们也可以借助这个机会，重新审视自己的职业发展路径，重新为自己找到职业发展的新起点和方向。

至于裁员后我们如何将危机转化为契机？在接下来一节我们将继续讨论。

化危机为转机

我的职业生涯中经历了两次大的金融危机：

第一次，2008年全球次贷危机爆发，雷曼兄弟倒闭。当时正值大学毕业后工作一年，好在纽约的大老板对我的表现还算满意，写了一封推荐信给香港的老板。虽然不知道这封信有多大作用，但我顺利度过了那次的裁员大潮。

第二次，我就没有那么幸运了。2011年，标普史无前例地调降了美国主权评级，8月美股出现自2008年金融危机以来损失最惨重的一天。紧接着一个星期，欧洲国家债务危机升级，引发全球股市、石油、黄金等商品市场大幅波动。

那个月是我刚刚加入新公司的第二个月。我至今依然清楚记得，那是一个普通的上午，我刚给客户发送好每日的市场分析，突然大老板叫我去一趟他的办公室，当时隐隐觉得有点奇怪。如果是业务相关的话，通常不是都在我桌上问吗？

进去之后，发现直系老板已经在里面，我的心马上开始怦怦直跳。来不及多想，大老板就开门见山直接说，公司的欧洲业务受到金融危机重创并波及全球。公司现在需要每个部门上交裁员名单。你的表现很好，我们在个人感情上非常喜欢你，但很可惜，你的名字在名单上。

这个裁员来得太突然，我完全没有做好心理准备。当时非常想哭，也很生气，为什么是我？这太不公平了！

老板面不改色地继续，再次强调这次裁员跟你的工作表现无关，我们可以给你写很好的推荐信之类的话。最后说你的离职日是这个月底，这段时间请做好交接工作。显然，他们对这种“最后进公司，最早被裁员”的情况已经司空见惯了。

熬到下班冲出办公室，我的眼泪终于喷涌而出。一直很顺利很有自信的我，感受到前所未有的自我否定。

接到通知后的那个月，我每天都很煎熬。离职日的前一天，我写好“大家再见”的电邮；第二天收拾好东西，把电邮一发出去就逃走了。这个时候实在不想见到任何人，低着头，也没有跟一个人打招呼。

出门就看到维多利亚港，天很蓝，海上的船只如往常一样穿梭来往，维多利亚港并没有因为我的遭遇而停止运转。

幸运的是，即使在全球危机的情况下，我在六个月内就找到了工作，从卖方跳到了买方，而且还是全球最大的买方公司。能够这么快找到好工作，除了幸运之外，全靠我在通知被裁之后的那个月里，将被动变成主动。

如果你不幸被通知裁员，不要害怕。你也可以像我一样，通过做以下的几件事情，化被动为主动！

争取公司内部的横向跳槽，不管是正式职位还是临时职位。你的部门正在裁员，但其他部门却可能在招收员工。不要忘了考虑现任公司的附属公司或合资企业——询问一下有没有职位空缺，哪怕没有全职职位，也可能有一定的临时职位预算。

你可以立刻跟你所在部门的老板表达这个意思，请他帮忙引荐到其他部门。一般来说，老板都愿意帮这个忙，除非你是因为过失被裁员的。

我当时主动找到了隔壁部门的老板，虽然最终他们也在裁员，但一方面可以给自己争取多一些时间留在公司（毕竟猎头都非常看重工作的连贯性），另一方面就算留不下来，我们也可以多积累一些人脉。我后来的工作，也是这个部门的老板推荐的猎头帮我联系到的。

调整心态和情绪。被裁之后，我们经常会表现出两种情绪。

一种是愤怒。自己勤勤恳恳付出却得到这样的结果，于是恼羞成怒，当场与公司闹翻。我非常反对这样的纯粹发泄。被裁已成定局，你的“无理取闹”无疑让公司更加确定自己的决定多么正确；另一方面，与公司闹翻百害而无一利，甚至会对日后的求职造成阻碍。

所以，即使被裁也要和平分手，这跟谈恋爱是一样的道理。

另一种情绪是挫败感。对于这种情绪，我建议大家给自己一段时间（最好不要超过一个星期）去接受和适应。你可以打电话给你的亲朋好友去宣泄，你也可以大哭，但不要将负面的情绪压抑在心里。

不要将失业归罪于个人。失业，往往跟个人因素无关，也许是全球金融危机、大环境的影响，或是企业定位转变、公司发生财务困难、企业被并购等。就像我老板在给我通知的时候都说了，“这跟你的工作表现无关”。

不要让情绪凌驾于理智。**你越早运用理智去评估环境，着手规划未来，就越能快速地找到下一份工作。**

争取一个有利于自己的推荐信。无论是个人失误，还是不幸遇到裁员潮，都要把握机会拿到一份有利于你找工作的推荐信。就算没有推荐信，也可以请你关系比较好的上司或者同事（不一定要同部门），做你日后找工作的联系人。

准备好如何表述被裁员的经历。在接下来的面试中，被问到被裁经历的时候该如何回答，这是很多人觉得尴尬的事情。其实你大可不必觉得难为情，陈述简单一点儿就可以了——第一句说我的公司遭遇了全球危机，或者我的部门进行了重组。**第二句重点强调这个安排跟你的工作表现无关。**

当然，请确保你的解释跟你老东家提供的版本没有出入。

实际上，在遭遇经济危机的时候，裁员是一个非常能够被理解的情况。我后来去找工作的时候，跟猎头和面试官一解释，他们都表示非常理解，没有再多问一句。

整理你的工作资料，记得做备份。除了整理桌上陪伴你工作的小摆设之外，你还要整理好你的办公电脑。很多公司都有明确规定，公司资料属于商业机密不可以外漏，千万不要踩这些雷区，否则后果很严重！我亲眼见过，因为将路演资料传到自己私人邮箱的同事，第二天就被裁员的情况。

你需要做的，是首先将自己的私人资料处理掉，同时在公司规定范围内，整理好对你未来求职有用的参考资料。比如你曾经参与的哪些项目，有哪些客户，你得到什么荣誉等。可以自己拿小本子写下来。当然记得，一定必须是公司规定范围内可以对外公开的资料。

给你的老板、同事留下一个积极的印象。在你真正离职的那天，不要忘了向所有人致谢。**所谓好聚好散，你的离职也许并不是老板和同事的错，甚至未来你们还有机会再次共事**。做得“鱼死网破”是大忌，圈子那么小，没准下一个转角，你以前的老板就成了你的新老板。

将转折变成转机。接受被裁的事实后，就要尽快为自己的未来做打算。被裁并不可怕，此处不留你，自有留你处。将被裁当作一个契机，思考自己的下一步要做什么。是借此机会休息一段时间，还是迅速找下一份工作；继续在同一个行业找还是跨行业；是要继续做打工仔，还是创业。

你可能很久没有去旅游，或者很久没有跟家人共享天伦之乐了，那么现在正是做这些的好时机。我的一些朋友，在裁员大潮中被列入黑名单，拿到不菲的补偿金，先是环球旅游半年，再用半年准备读MBA，接着MBA一年后毕业，并且找到了更好的公司还直接升职做管理层。这样的例子比比皆是。

李开复曾说：“裁员固然是一种挫折，但是每一个挫折也是学习的机会。如果遭遇裁员，不要把它当作生活的惩罚，而要当成一个新的起点。员工可以寻找更喜欢的工作，考虑是否继续读新的学位，积极努力地寻找更适合自己的职业。”

跳槽的前期准备

“好的，我明白了。作为你的老板，我非常希望能够挽留人才；但作为个人，我支持年轻人出去闯闯。等你看遍了世界，才知道什么最适合你。”

2011年，我人生中第一次递上辞呈。

我的直系老板T是一位非常儒雅的华侨。他跟我说了以上这段话后，低头在我的辞职申请书上签了字。我和T共事了三年。在他的带领下，我们将东南亚的新兴国家业务从零建立起来，并做到可以跟成熟市场媲美的业绩。

当年的我，销售业务上手很快，想法也很单纯。有一天，我发现我的职位不足填补我的野心，于是决定跳槽——我希望能够接手整个大中华区的盘子，而不仅仅是东南亚地区。

我跟大部分人的想法一样，认为跳槽是一个快速爬梯的职场捷径——通过猎头或是圈内朋友推荐，找到新的东家，薪水和头衔都会相应地水涨船高。的确，新公司给我的合约，薪金翻了三倍，职位也连跳了两级。但万万没有想到的是，我在新公司上任后的短短两个月，就遭遇了裁员。

世界那么大，我还没有闯出去，就遭遇了滑铁卢。

跳槽有风险，并不像猎头口中说得那么美好，跳槽的决定一定要谨慎、谨慎，再谨慎。在跳槽之前，我们应该先问问自己这五个问题：

1. 你想离开的真实原因是什么

（1）是因为不喜欢老板，或不喜欢某个同事？

因为情绪原因一时冲动而离开，是非常不成熟的行为。职场谁人不受委屈？谁人没有被批评过？

俞敏洪说："遇到职场人际关系不和谐，我们需要做两件事情。第一，要问问自己，如果我跟同事和上司不和，到底是不是我自己的问题。如果是我自己的问题，一定要改正。第二，如果反复询问以后发现是别人的问题，而你又无法更换和改变对方。那么，你才可以离开去寻找一个你能够和谐相处的新群体，在愉快的氛围中工作，追求自己的事业。"

如果是自己的问题，即使跳槽，问题也将继续存在。

（2）因为薪水太低？

如果你希望涨工资，完全可以找机会跟公司和老板商量。千万不要让薪酬成为你离职的唯一理由。

如果新公司只给你30%以内的涨幅，我建议大家还是拒绝吧。毕竟到一个新公司需要承受的变化和"从头来过"的压力，是这点儿薪水无法弥补的。

（3）还是因为自己能力不足？

这个问题非常重要。如果是因为自己的能力不足，待不下去，那么这样的问题在其他公司也会发生，这种跳槽毫无意义。如果是因为想提升自己的能力，就要了解跳槽的那家公司能否满足自己的这一要求。

2. 跳槽真的是你目前最好的选择吗

当今社会，能够留在一家公司做一辈子的员工并不多，甚至说，在高流动性的金融行业，能够在同一家公司待到5年以上，就算是非常好的业界记录了。

我有一位前同事R，他是美国回来的ABC，典型的美国阳光大男孩儿，见到每个人都笑眯眯的，很活跃。在得知我要辞职的时候，R跟我说了一句话："不要因为钱而跳槽，你永远也不知道你将面临怎样的风险。"

当时我正被新工作可观的薪资冲昏着头脑，觉得R的这段话是因为"吃不到葡萄说葡萄是酸的"。

现在回头看，R是一早就已经有"大智慧"的人。没有人会觉得，活泼外向的R会在同一家公司做很多年。但他却是我们那一届的管培生里，为数不多的至今依然留在公司的员工。

十年后再做对比，R反而是我们所有管培生中发展得最好的一个：在公司独当一面，负责整个华东区的VIP客户，已经有了自己的二十人团队，下属遍布北京、上海、广州和深圳等一线城市，凡是进入他团队的员工，基本没有主动辞职的。看业绩，R的团队是全公司的最佳销售团队，连总裁来视察工作，都要找他单独谈谈生意经。

综观我第一家公司的前同事，跳槽的那一群人（包括我自己）现在基本没有留在第二份工作上。也就是说，永远都有让你想跳槽的理由。反而是R，对公司是忠臣不事二主，从来没有太多抱怨。

我问R："这么多年，就没有猎头找过你吗？"

R笑笑说："我基本每个星期都收到猎头的电话，还有竞争对手公司的老总直接给我打电话的，甚至给我五倍的薪金想挖我过去的。但我都拒绝了。

"我并不是没有动摇的时候。但是我问自己，跳槽到了新公司，真的会比现在更好吗？现在的公司的确不完美，但换一家就一定完美了吗？答案是否定的。没有完美的工作，没有完美的老板。就算拿了五倍的薪金，如果没有职业上升空间，这样的薪金也拿不了几个月。与其朝三暮四、频繁跳槽，还不如在同一个岗位上兢兢业业地做好自己的本职工作。我相信任何一个公司都不会亏待对其有贡献的人的。"

在"一言不合就裸辞"竟然成为一种潮流的当今，对企业忠诚的员工，反而更容易受到领导的重用。

3. 你即将跳槽过去的公司或行业，是否能在经济周期中稳定立足

最失败的情况，就是你今天跳槽了，明天新公司就倒闭了。

这一点我自己深有感触——以为自己跳到了更好的公司，结果却在经济危机中，首当其冲被炒了鱿鱼。

在有跳槽的想法时，你可以重新做一次职业规划，从宏观到微观来分析你的职业发展路线：

（1）追踪实时报道和国内外要闻，向本行业内外的前辈们请教，了

解当前的经济和市场局势，判断自己希望跳槽到的行业（不管是现处行业还是新行业）属于朝阳行业还是夕阳产业，在下一轮的经济变革中处于优势或劣势？举个例子，人工智能的发展将会取代很多当前由人手操作的职业，你跳槽的行业，能够在这一轮洗牌中胜出吗？

（2）对行业做一个SWOT分析——我究竟是否适合做这行？我真的感兴趣吗？我真的从现在的工作中得到满足了吗？我未来有什么打算？我目前有什么积累、经验、资源？

（3）具体到我将跳槽的公司，这个公司在同业中处于什么级别，是否是同业的领军者？新公司给的职位，是否能够帮助我在职业生涯上更进一步？我是否能够胜任，是否能够在经济危机中不受牵连？我在这个公司的职业发展前景如何，是否有我想要的上升空间？

趁这个机会，停一下脚步，重新检视自己的人生目标和职业规划。

4. 你是否充分了解跳槽的弊端

跳槽并不是很多人想象中的那样万能。跳槽也有可能给你的职业发展带来倒退，而不是进步。

（1）跳槽让事业缺乏持续性

我在面试新人的时候，第一要看他的工作经验和业绩，第二就是要看他在过去几年换了几份工作。就算候选人的资历再好、面试表现再突出，如果他每份工作都做不过一年，那么我也不会考虑的。

这样的人可能在哪里都做不长久，这山看着那山高。老板不希望辛苦培训好的员工，转眼就跑掉了。

（2）跳槽不利于退职金、退休金的领取

这一点很好理解。不同的公司有不同的福利体系。离开一家公司，意味着你要放弃在这家公司所有的福利。同时，如果在年末之前辞职，这意味着你必须放弃本年度已工作这段时间的奖金。

（3）跳槽需要承受风险

新公司、新老板、新同事、新产品、新客户，你需要花时间了解公司的文化、集团内部的利益关系，重新开始跑业务。所谓“做新不如做熟”

就是这个道理。

5. 如何将现在的工作交接好

如果一切都权衡和准备好了，你依然觉得下一份工作能够给你带来更大的提升，那么就辞职吧！

当辞职批准后，不要忘记最基本的职业操守——做好业务交接。所谓好聚好散。虽然不能继续共事了，手头上的业务还是要认真仔细地交接给公司同事的。

一般来说，辞职被批准后，都有一个交接期。我们将日常工作和年度目标逐一写下来，每个项目的进展程度向领导和接手同事仔细汇报，确保你走了之后，不会出现业务上的漏洞。毕竟圈子不大，没准你下一次跳槽，又跳回来了呢？给公司和同事们留下一个好的印象，也给自己未来多一个选择。

在某些情况下，我们应当立刻考虑跳槽。如果现在的工作出现以下三个情况，你可以马上辞职：

（1）这份工作让你频繁生病

健康永远是第一位的。在一份工作上，如果你很容易生病，那么就要好好审视你的体力和精神压力了。如果情况严重，就要考虑是否立刻辞职。

（2）在你的业绩达到要求的情况下，屡次不给你匹配的薪水和职位

无论你业绩做到再好，上司都多年不给你升职加薪，只开空头支票，而这个上司在近期内没有离开的可能，那么你就可以考虑换工作了。

（3）公司的价值观与你不再合拍

如果你发现了自己真正的热情所在，而现在的公司甚至行业都无法给你匹配的职务。这一点多发生在跳槽之后换了行业的人身上，因为他们发现自己的兴趣是在一个完全不同的领域。

有人说，如果你在一家让你感觉痛苦的公司，或是为一位令你痛苦的老板工作，你永远不会做出出色的成绩。你是在浪费宝贵的时间，这些时间本可用来打拼一份事业和做你真正喜欢的事情。人生的时间是有限的。关键是不但要找到一个热门的职业，更要找到一个自己热爱的工作。因为只有真正热爱的工作，才能激发起内心的斗志。

揭秘顶级投行面试

大学二年级，我从香港中文大学交换结束后回到北京，就开始积极准备暑期实习的申请了。因为非常喜欢香港，我当时一心要拿到香港公司的合约。

为了吸引内地精英，香港每年都有很多公司在国内高校进行暑期实习生招聘，比如各大投行，四大会计师事务所，香港本土公司SWIRE，MTR等。大家上他们的官方网站就可以查到。

真的很幸运，我在大学本科三年级时就拿到了香港某投行的环球资本市场销售部实习的合约，并且在十周的实习结束后，成功拿到了全职员工的合约。

除了幸运，面试的方法也很重要。我总共经历了四轮筛选——网上申请、网上测试、电话面试以及最终面试。在此分享给大家，希望对大家未来的求职有所帮助。

1. 第一轮：网上申请

恭喜你踏出了迈向成功的第一步！

首先弄清楚截止日期。每个行业的申请日期不同，比如消费品公司通常会在下半年截止（8—12月），而投行会在上半年（1—4月）。同一行业的不同公司也有各自的截止日期，比如高盛、摩根士丹利，就比花旗、渣打早1—2个月。所以大家务必要在截止日期前上网递交个人资料。

其次要有一份漂亮的简历。如果你未雨绸缪，一早已经有工作或兼职经历当然最好，但大学生一般不会有特别多的工作经验。之前没有太丰富的工作经验，如何补救？

凡事都有第一次，实习也是。你做了实习生，公司都不会在工作经验上有过高的要求。然而，简历也不可以太过于一张白纸。如果这是你申请的第一份实习工作，那么可以试试以下几个办法增加入职机会：

在公司招聘日帮忙。

我的一位美女校友，主动通过某投行的学长关系，成为该投行招聘日的志愿者。

当日，公司的各种高层、人力资源部，甚至招聘的部门经理都亲临现场。她在公司展台帮忙递宣传单，招呼老师同学出入，帮公司人员递茶、搬板凳，抓住机会跟公司代表三言两语地聊起来，临末留了联系方式。

过了几个月，我们就听说她拿到该公司的全职合约了。这未尝不是个捷径。

争取有不同文化、国家的生活经历。

现在大学里各种交换生项目非常多，我大学总共三个室友，一个去丹麦做了一年的交换，另外一个去了日本做了一年的交换，我自己去中国香港做了半年的交换。这些高校之间的交换项目门槛不会特别高，通常学分也可以转回本校，不影响毕业。

如果嫌交换生时间太长，可以参加一些高校之间联谊夏令营、冬令营，或者直接报名国外学校的暑期项目——如果可以的话，请选择名校。

很多公司都非常看重这种在异国生活的经历，认为这样的学生更具有开放性的思维，适应能力、学习能力也更强。

考证书。各行各业都需要专业资格。你可以有针对性地考证书，比如做金融的可以考CFA、CPA，进律所的考个司法，任何人都可以考个外语。证书在精不在多，否则会给别人太闲了没事干的印象。

志愿者经历。大家可以报名一些国际慈善机构做志愿者，比如“Save the Children”，国际红十字会、动物保护协会等。有爱心，有奉献社会的精神，有积极乐观的人生态度，这些都是公司喜欢看到的。

最后，提交之前一定要检查再检查，尤其是个人姓名和联系方式。我有位同班同学，综合素质非常高，结果申请后一直没有消息。最后我问他有没有收到过确认信，他说没有啊，才发现很大机会是自己的E-mail写错了，那人家就算有心招聘你也无门啊！

2. 第二轮：网上测试

以我为例，这轮分两部分。

一部分是基本金融知识测试。这里没有可以取巧的成分，只能靠平时专业知识的积累。建议大家可以上学校内论坛翻出历年的例题做一下，练练手。

另一部分是性格测试，这个部分没有正确或错误答案之分，纯粹测试你的性格类型（就类似大家做的红黄蓝绿人格分析一样）。举个例子，题目会问，以下哪一点最符合你本人特征：A诚实，B积极，C勤奋，D有创造力，其实你可能ABCD都符合，但只能选一个，选哪个？这个时候，我会根据我应聘的职位去推断他们需要哪方面更突出的人。比如销售部门，我就会选择B，因为销售员必须积极主动招揽生意，有时候不需要100%诚实去推销产品服务，也不需要绝对的长时间工作。如果是科研部门，我就会选择D，因为创新是科研进步的动力。

因为网上测试是限时的，请务必保证电脑电源充足，务必保证你的网络通畅。

3. 第三轮：电话面试

还是以我为例，公司总部伦敦的人力资源部经理，会跟你用电邮先约好时间，然后准时打来。

大概半个小时的通话，问题多半是关于个人经历的考察，而不再是专业知识。这正是我的强项。考察领域不外乎是你**是否有以下几方面的能力——学习能力、领导力、团队合作能力和创造力。回答的时候一定记得要举例子！**

首先你给的**事例不一定要多么惊天动地**，面试官也不期待我们学生仔拿诺贝尔奖，但务必在叙述的时候，体现出你想让面试官知道的某方面能力。可以说你某次做某个小的研究项目如何在一个小组中发挥领导作用，可以说你篮球比赛如何发扬团队精神获得胜利，也可以说某次旅游发生小插曲你是如何急中生智平息纠纷的等。**多准备几个小故事，面试的时候随机应变，根据面试官问的方向来提供故事**。总之在问题回答完以后，要让面试官意识到你具备上述几方面能力。

自己事先多多练习，亲口把故事说出来，多排练几次。

约好时间后，可以跟室友们打个招呼，尽量让大家在面试时间回避一下，给自己一个安静的环境，毕竟长途电话可能比较嘈杂。

说话的时候请用中等语速，声音饱满响亮。

另外再次强调时机的重要性。像有时差的，我会选择对方周五的下午时间，哪怕我要熬夜，也要**争取在对方心情最轻松的时候面试，成功概率肯定高一些**。

4. 第四轮：最终面试

经过前面三轮筛选，到最终面试的时候全国只剩下八个候选人。公司让所有人飞到上海总部进行面试。面试头一天大家抵沪，入住陆家嘴五星级酒店江景房。第二天中午在酒店的商务层进行长达半天的面试。

面试官们各自坐在一间商务办公室里，我们轮流与面试官们见面。面试内容包括自我介绍，对公司的了解，也有强度非常大的在二十分钟内阅读公司的年度报表。

能来到终面的，智商一定不低。自我介绍和对公司了解这类型的面试，必须是一早已经做足功课的。反而公司报表，虽然在网上都可以查到，但你无法预计面试官会要求你通过报表来解决什么问题，因此难度最大。

实际上，这一环节，面试官并不想考察你是否能在二十分钟内将一本厚达一百页的公司报表看完（估计他们自己也看不完），**而是看你在压力下，是否可以在截止时间之前解决问题**。我走的一个捷径是，提前在网上搜出该公司近一年的新闻，了解公司的业绩和发展方向，这样在面试时可以跳过看报表，直接用这些知识做汇报。

我当时还自作聪明在汇报板白纸的右上角，用彩笔画了公司的商标，这个估计只有我才做的小举动，却体现了我对公司的认同。

另外，面试官最后通常都会给候选人一个提问的机会。表面上是你问面试官，实际上依然是面试官考察你。通过你的问题，可以看出你对公司的了解，以及你对这个职位的热爱程度。一般我会问以下三个问题，**作为模板分享给大家：（1）请问您对公司（或者团队）未来3－5年的发展规划如何看？（2）请问您心目中的理想人选是怎样的？（3）请问您是否可以分享一下您自己加入本公司／团队之后的感受和成就？**

问题1是表现你对公司和团队大方向的关注，比如销售的话业绩翻几番，发债的话做多少次承销等。如果之后有机会加入团队，这也直接关系到你每年需要完成的业绩指标。

问题2表现你对此职位的重视程度，也可以借此机会，根据对方的回答，再次强调自己的优势。

问题3的主要作用在于，拉近跟面试官的距离。是人都喜欢讲自己熟悉的话题，自己的经历感受，尤其是自己的成绩。**让面试官聊得开心了，你离合约又近了一步。**

轮流单独面试结束，就到了整个流程的最后一步——集体面试。集体面试主要考察候选人的团队合作能力。很多人都觉得这是最难拿捏分寸的一关。我的建议是，**发言不在于多，而在于精！**一定要有自己鲜明的观点，但不可以太咄咄逼人；要给别人说话的机会，又不可以一点儿存在感都没有。

面试结束后我们重返校园。一个月后的某个下午，我的电话响了，来电显示一个香港的号码，我的心跳骤然加快。拿起电话是一个熟悉而温柔的声音，公司人力资源部姐姐用标准英式英文跟我说，经过所有面试官的严格考察和缜密讨论，我们决定给你暑期实习的合约，恭喜你！请问你是否接受？

我当时在心里尖叫了出来，表面却故作镇定，用专业的语气说，感谢公司的认可，我接受此合约并相信我可以胜任！临末我还不忘记谢谢人力资源部美女姐姐的辛勤工作。

就从那个暑假开始，我开始了在投行的职业生涯，实现了经济独立。

第四章

Chapter 4

情商和情绪

决定你人生的　高度

保养你的朋友圈

Vivian小姐刚杀青一部电视剧，妆还没卸就跑出来跟我小酌一杯。

“Susan啊，我的微信朋友圈里成百上千个‘好友’，但怎么真正有心事的时候，才惊觉能够倾诉的对象少之又少？还好有你在。”

Vivian是TVB签约艺人，绝对算得上是小花旦之一了，身边不乏各路朋友。竟然连她都觉得难以交到真心的朋友，真是令我汗颜。

当今社会，交友成本越来越低，已经不再是以前的“车马、信鸽和邮局”的年代。也许正是因为成本太低、太“快消文化”，人际关系变得比以前更加脆弱了：可能一句话，一个眼神你们就可以成为“好友”；但也可能因为你晚回了一个消息，就被拉入黑名单。

我个人认为，一个人朋友圈最美好的状态是：

- 在你难过的时候，有可以倾诉的对象。这样的闺蜜：2—3人。
- 异性朋友给予你不同思维方式上的灵感。红颜知己：1—2人。
- 在你需要帮忙的时候，愿意伸出援助之手，并且有能力帮助你的朋友：5个人或以上。
- 不同人生阶段，都需要导师：1个以上。

此外，你的朋友圈中还应该有这些靠谱且相熟的专业人士：医生、律师、老师、理财顾问、保险经纪人、营养师、健身教练等。

那么，如何建立和维护一个美好的朋友圈呢？

1. 社交破冰：“三声 hello”法则

想要建立自己的“朋友圈”，首先避不开社交。

在公众号后台，我经常收到刚毕业的大学生留言，表示对人际交往如何“破冰”很困扰。与其到一个陌生的地方跟不同的陌生人套近乎，他们更愿意宅在家里打电脑游戏，但越宅就越有社交恐惧。

我其实也是个天生非常害羞的人。在此与大家分享我第一次出国工作的经历。

大学毕业后我来到纽约工作，因为要在北美管理亚洲市场，整整半年我每天都是早上5点上班。那时候，我习惯在公司旁边的小店买早餐。我曾经以为自己是最早的客人，直到我撞到全美洲区的销售总监Pablo。

我瞬间很激动，要知道在市场开盘的时候，所有人都是忙得连上洗手间的时间都没有，更不可能有机会能接触到这么高级的老板！

我冲上去做了自我介绍：“请问您可以给我工作反馈吗？”

大家不都说，我们要有初生牛犊不怕虎的精神嘛。结果呢？Pablo非常诚实地告诉我，他根本没有注意到我的存在，也不知道我的大名。12月寒冷的纽约，我感觉被人泼了一盆冷水！

我是不是太自不量力了？他可是我老板的老板的老板的老板，全美的销售总监，怎么可能有时间花在我一个连英文都说得不流利的小小管培生身上呢？我到底该不该向他请教呢？

第二次见到Pablo，我很犹豫，但还是厚着脸皮又冲了上去。结果，他还是道歉，说真的不好意思还是没有注意到我。不过这次我做了功课——从我的直线老板那里得知，Pablo不仅掌管美洲的业务，也刚刚开始踏足亚洲的客户。于是我用最精简的语言，在一分钟内告诉他，我暑期曾在公司的香港部门实习，亚洲很多客户相比而言会更加敢于承担风险。因此在我们的路演资料中，我建议可以适度增加高回报产品的比例。

这次他停下来，很认真地听完了我的阐述，谢谢我的建议，之后答应我，他一定会留心观察我的表现的。

一周后，在马不停蹄的办公室里，还没等我开口，Pablo居然叫住了我：“Susan，我也有些建议，你有没有两分钟？”他不仅记得我的名字，还给了我工作反馈！

到了2008年，全球次贷危机爆发了。各家大投行陆续开始裁员。很多跟我同届的管理培训生都失去了工作。而Pablo特意给我的香港老板写了一封推荐信，说他非常欣赏我主动向他讨教的态度，并“强烈推荐”公司将我留下。不管这封信有多大分量，我的确顺利地度过了那次的裁员大潮。

在这里分享一个“三声hello”法则：一个看上去再冷酷无情的人，如果你跟他说三次“hello”，他可能第一次不理你；第二次，他至少就会抬头看看你，注意你；等到了第三次，他一定会对你有回应，对你说一句“hello”。

很多时候，我们的恐惧来源于害怕被拒绝。

了解了这个法则之后，你就知道，再冻的冰山，不出三次也会被融化。

2. 友谊是需要经营的

我在生娃的这两年，感到精力和体力都下降了很多。我在香港最好的朋友的生日会，连续两年我都没有去成。等到第三年，她竟然没有把我放在邀请名单的时候，我突然着急了。我想，好朋友难道不是应该就算平时不见面，两人还是亲密无间的吗？

后来我才醒悟，这个想法只能证明我将我们的友情认为是理所当然的了。任何感情就像一棵小树苗，都需要花时间和心思去经营——她不邀请我，并不代表她不喜欢我，也不代表她人变了，只能说明我们没有以前那么亲密了。这个是事实。

当我在忙着自己家庭的时候，她也需要建立她自己的朋友圈矩阵不是吗？

对于Vivian来说也是如此：因为她的名气，出席各种场合的时候很多人都希望认识她、成为她的朋友。但加了朋友圈之后，Vivian忙于拍戏，完全没有时间和精力去真正了解和认识这些新朋友，更不会将心事告诉他们。而我跟她识于微时，一路走来互相支持、互相倾诉，自然是彼此信任的倾诉对象。

真正的友谊需要时间的栽培和洗礼，不是一朝一夕就可以建立的。

3. 人际关系的距离

当然，好的友情并不是说你们要亲密到跟连体人一般。我始终认为，最好的关系就是“君子之交淡如水”。就好像之前提到的，越是亲密的关系，在失望的时候感觉就像背叛。

心理学家Granville Stanley Hall曾经针对人与人之间的物理距离做过调研。他发现人们之间存在着四种类型的物理距离：

- **公众距离范围在360～760厘米之间**，它属于人际交往中的正式距离。处于该距离的人，可以很容易地采取躲避或防卫行为。它多出现在陌生人之间，或正规场合。
- **社交距离较近的社交距离是120～210厘米**，多出现在个人交往中，如职场交往和商业会议；**较远的社交距离为120～360厘米**，一般正式的公务性接触大多保持这种距离。
- **个人距离范围在44～120厘米之间**，这个距离通常是与朋友交谈或日常同事间接触的空间距离。
- **亲密距离在0～44厘米的范围内**，这种距离只出现在有特殊关系的人之间，如父母与子女、夫妻、恋人。对关系亲密的人来说，这个距离可以感受到对方的气味和体温等信息。

与人交往保持适当的距离，是基本的礼仪。

4. 任何关系都不要强求。爱情如此，友情也是如此

对于那些忽视你、嘲笑你、让你感到难堪的人，不需要强求那份友情，哪怕你多么希望结识他。任何一段关系，都应该以相互尊重为基础。与其热脸贴冷屁股，不如多花时间让自己更加优秀，最后超越他们。正如有人说的：“今天你们对我爱搭不理，明天我要让你们高攀不起。”

5. 不要太轻信一个人，防人之心不可无

一位做公关的朋友说：“感觉现在社交圈的水太深了。”

她帮某企业筹划的慈善晚宴，朋友介绍了一个“赞助商”。本来拍胸脯一口答应要捐十张桌子，让朋友先付钱，等财政年度一过就立马资金到账。朋友觉得是熟人推荐的，聊得来，信得过，钱也交了，冠名的商标都印好了。

结果过了大半年，资金迟迟不到账。追问“赞助商”，各种托词——公司业务不好了，人在国外来不及汇款了，家里闹离婚了……最后直接微信也不回了。更恶劣的是，居然也没有拉黑，朋友还能看到“赞助商”各种秀私人飞机、爱马仕包包和马尔代夫旅行。

朋友没有办法，只能自己将钱填了进去，吃了个哑巴亏。

这还只是钱的问题。更糟糕的情况是，连钱都解决不了的问题。

6. 关于网络、手机 App 虚拟社交

网络虚拟社交以安全为首，所以首先要提醒大家两点：

- 不要轻易见来路不明的网友！
- 不要在网上泄露个人和家人的资料！

在科技发达的现今社会，要一个人完全脱离网络社交是不现实的。既然我们每天都刷朋友圈，那么网络“朋友圈”的保养，也是重要的课题。

在我看来，网络“朋友圈”主要有两个用途：

（1）作为自己与家人朋友联系的渠道。一开始有朋友圈的时候，真的很令人惊喜，尤其对于奋斗在大城市的小伙伴们来说，拥有了一个跟家乡亲人朋友们联系的平台，可以随时随地地问候。但随着网络平台越来越广泛地运用于商业用途，每个人的“朋友圈”，就不仅限于家人和老友了。

（2）因此也就衍生了朋友圈的第二个用途——个人品牌的建立。

不要说微商，其实就算我们自己，也不得不在微信里加上老板、同事和客户——客户向你要微信的时候，你敢说“不”吗？你加了客户之后，敢屏蔽吗？于是，每一个你发的朋友圈，对于一个跟你不太熟悉的人来说，都是一个对你个人形象的投射。在发朋友圈的时候，我们必须考虑此贴一出的影响。

- 在发朋友圈之前，先给自己三秒钟，想清楚——这个朋友圈如果被客户、老板看到，对自己的形象是否有任何的负面影响？如果是的话，请三思（除非你的朋友圈都是愿意听你倾诉的朋友）。
- 如果真的非发这个朋友圈不可，请提前做好分组。
- 不发过于泄露自己个人隐私的内容。
- 定期给朋友圈做“减法”：遵循20/80原则，将精力投入在那20个能帮助你成长的人身上。

乔布斯曾经说：“我的成功得益于发现了许多才华横溢、不甘平庸的人。不是B级、C级的人才，而是真正的A级人才。而且我发现只要召集到五个这样的人，他们就会喜欢上彼此合作的感觉。”

有句话说得好：“你的所有朋友的平均值，就是你自己。”

如果你觉得周围的人不够好，可能是因为自己不够优秀，没有吸引到优秀的朋友。从自己找原因，提升自己，真诚待人，不卑不亢，宠辱不惊。社会心理学家亚伯拉罕·马斯洛曾经提出人际关系的“需求层次理论”：人的幸福感并不直接与物质条件挂钩，而更多的是来自与周围人的情感交流，如果长期缺乏这种情感上的交流，仍然会导致幸福感缺失。

让我们保养好朋友圈，做幸福的人。

努力与说话技巧

最近家里很热闹，大宝说话越来越多，小宝也开始咿咿呀呀。说话连两岁的小孩儿都会，但说话的技巧，未必人人掌握。

我初入职场时，亲眼看见同部门的两个毕业生，同样的名校毕业，同样的努力程度，但一个很快就成为老板眼前的红人、同事面前的“万人迷”，另外一个却说话容易得罪人，成了升职“绝缘体”。

无论在职场还是生活中，个人的能力和努力当然重要，但是掌握正确的表达技巧也必不可少。

1. 比说话内容更重要的，是如何表达

曾经在公司上演讲培训课的时候，有一个令我印象深刻的练习，老师让我们说两句话：

A.“我今天很开心！”但是用非常丧的语气和表情来说。

B.“我今天很郁闷！”但是用非常欢快的语气和表情来说。

大家可以亲自试一下，最好可以在家人或朋友面前做这个实验。

结果是不是，你通过声调、语气和表情传递给他人的信号，比内容更重要？说话内容固然重要，但如何表达亦是一种学问。

2. 说话的时机和场合很重要

说话前，审时度势，察言观色，先观察对方的状态，再决定是否适合进行沟通本次事宜。

我在上一章“跟老板谈升职加薪的技巧”一节里提到，你想跟老板谈升职事宜，一定要找对时机，千万不要撞在老板心情不好的时候。比如老板刚刚接到你的客户投诉，哪怕是小事情很快解决了，也最好将升职一事缓一段时间再谈——你可不想送给老板这么好的借口对你说“不”吧？

3. 因人而异调整说话的内容和方式

我常出席不同的公开活动，接触了许多公关公司的负责人。我打心底里佩服公关负责人，他们每天不仅要筹办大大小小不同品牌的活动，还要跟性格背景迥异的明星、名人打交道。不仅要拼体力，还要拼脑力——这个脑力就集中表现在说话的技巧方面。

Phoebe是我认为香港做得最成功的公关主管之一，她几乎包揽了香港所有一线化妆品和奢侈品的活动，自己也是主持人。一次新品发布会，她先是用英文采访了《复仇者联盟》里面“星爵”的扮演者Chris Pratt，问他时差调得如何，晚上去不去兰桂坊，对谈风趣，气氛活跃；转过身又用广东话采访钟嘉欣小姐，当时钟嘉欣刚生完宝宝，话题都是围绕着做妈咪辛苦吗，要不要喂奶啊，什么时候再复出啊等话题进行。

然后一转身见到我，她立马就问，可否告诉我现在应该买哪个行业的股票！

根据不同人的兴趣来选择话题。谈话最尴尬的就是，你一个人讲得很起劲，但现场没有人对你说的话题感兴趣。

4. 说话内容符合逻辑和基本常识

我们可以首先确立沟通目标，明确立场——通过此次谈话，“我希望怎么做”“我想要达到什么效果”。然后在脑海里把思路用1、2、3的次序整理出来。

一个人的认知决定了谈话内容的高度。这需要我们不断地学习，不断地开阔自己的视野，不断地精进。

5. 多赞美他人

每个人都希望得到别人的肯定，都希望听好听的。与人交往中，发自内心地多发现对方的优点，嘴巴上不要吝啬赞美他人。都说“赠人玫瑰，手有余香”。你在赞美他人的同时，也会得到对方积极的反馈。

比如说，工作中遇到自己无法独立完成的任务，实属正常。请人帮忙的时候，可以尝试说：

“这个报告没有你可真不行！”

“最近寝食难安，因为这个项目我自己一个人实在搞不定，能不能请教你的意见？”

“你是这方面的专家，如果可以得到你指点迷津，那就太感激了！”

有效地赞美他人，也是一种能力。

6. 表达意见时多用“我们”

说话若只用“我”，主观感太强，容易显得你爱表现自己。改用“我们”，能减少排他性，也可以让别人更容易接受自己。

尤其在职场，庆功的时候多提别人的名字。每个人都希望被表扬，表扬的时候都希望听到自己的名字。在这个人人都想争着出头的社会里，一个大气不妒忌的下属，会让上司觉得此人有气度，富有团队精神，让上司更另眼看待。

7. 批评和被批评的技巧

批评别人的时候，不要当着其他人的面批评，一定要私底下关起门来说！关起门！关起门！重要的话说三次！而被批评的时候，要表现冷静：“谢谢你告诉我，我会仔细考虑你的建议。”不需要将不满的情绪写在脸上，不卑不亢的表现令你看起来更有自信、更值得人敬重。

尤其在职场上，当我们被领导批评的时候，一个非常不好的习惯，就是想尽办法告诉老板各种理由为什么我们没有做到；仿佛有了这些理由，你就理所应当地不用做到了，老板就不应该批评你了。

然而，站在老板的角度，他根本不在意你做错的理由是什么，天下所有事情的发生都有原因。不管是什么理由，对于老板来说，你就是没有做到。

此时此刻，老板只需要知道两件事情：

（1）你知道自己做错了。

（2）你下次不会再犯了。

因此，你只需要说两句话：

（1）对不起老板——是我的疏忽，不好意思。

（2）我会确保从明天开始，一定按照您的要求做到。

8. 与人为善，不要恶语伤人

之前看过一句话："你可能不记得别人对你做了什么，但你会记得他们带给你的感受。"

虽然这句话多用于感情生活，但我觉得这个道理是普遍用于人与人之间的交流的。

我比较反感的一个形容词是"刀子嘴豆腐心"。一般来说，"刀子嘴豆腐心"的人也许真的不坏，大多数情况下，他们的出发点是好的，他们甚至可能是我们自己身边的亲人、朋友。然而，难道因为有"豆腐心"，就可以随便用带刀的嘴来伤人了吗？

老一辈人有句话叫作"舌头底下压死人"——足以证明语言暴力对一个人的严重伤害。在与人交往过程中，别人未必记得你对他做的每一件事情、说的每一句话，但你每次跟他的交流，都是打一次"印象分"。

他可能不会具体记得你究竟干了哪些事，但他会记得你们每次交谈时他的感受。一个说话强势的人，哪怕真的是为你好，在交谈的过程中也会令对方感到非常不安、不舒服。久而久之，大家都会对这样的人避而远之。

说话温柔而坚定，让听的人如沐春风，不仅是一种美德，也是你在人际交往中成功的利器。

9. 保持客观：说真话，但不说难听的话

无论说话还是做事，我们都应该保持客观。在人际交往中，不说负面言论，不说过多涉及个人感情的言论——你的感受只是宣泄，对事无益，谁又有那么多时间去听你的感受？（当然跟闺蜜的吐槽除外）

当双方意见上出现分歧的时候，我们可以尝试放下主观的感受，专注于事情本身。保持客观的角度可以帮助你更快更好地解决问题。

如果你想拒绝对方，完全可以在态度和表达方式上让对方觉得舒服。如果对方的意见证明是错误的，也不要“得理不饶人”。我们完全可以给对方台阶下，说话点到为止。

10. 最后，学会了说话，也要学会倾听

所有说话招人讨厌的人都有一个共同的特质，就是完全不考虑别人的感受。尤其一些“表演型”的谈话者，全程喋喋不休地谈论自己多厉害，令人烦厌。他们不需要正常的交流，而是把每一次谈话变成假想的舞台，只为满足自己狂热的表演欲。

想要成为受欢迎的人，不要过多谈论自己，多给对方一些说话的机会。学会倾听，想办法让别人多说，知道对方的想法，让每一次沟通更有效、更愉快。

许多成功人士都表态，比起那些动不动就高谈阔论的人来说，他们更愿意跟那些肯耐心听别人说话的人做生意。在人与人的交往中，不要总是以自我为中心，让他人做谈话的焦点，做他人的聆听者。

但丁说：“语言作为工具，对于我们之重要，正如骏马对骑士的重要，最好的骏马适合于最好的骑士，最好的语言适合于最好的思想。”

良好的说话技巧是获取成功的一剂良药，无论工作、生活，还是谈恋爱，我们都是通过语言来表达所思所想，分享情感的。

“会说话”并不是指专挑别人爱听的说，不是“拍马屁”，而是恰当地表达自我意愿，让对方舒服地理解并接受自己的意见，最终达到自己的目的，同时也让自己成为一个受欢迎的人。

处理好情绪，再处理问题

柏拉图说：“主导人类的行为的三个根源是欲望、情绪和知识。”

其中，情绪的影响远比我想象的要大得多。我第一次发现情绪问题其实是一种“病”，是在自己生了宝宝、周围也多了很多妈咪朋友之后。

我的好朋友Emma是个温柔贤惠的女生，我们都觉得她老公很幸福，有她打点家里的大小事务，一切都有条不紊。直到她去年生了女儿，Emma性情大变，新手妈妈要面对各种新的情况，连一向脾气好的Emma也说觉得自己情绪很波动，和老公说话也容易烦躁，一旦别人带娃不合她心意，动作慢了一点儿或者宝宝哭了，她就特别容易崩溃。

Emma后来看了心理医生。本以为是产后情绪波动，没想被诊断为患有“情绪病”，继续发展下去可能会成为“产后抑郁症”，需要立刻开始治疗。

虽然Emma的情绪主要是受到产后荷尔蒙的影响，但不管是否是新手妈妈，“情绪病”越来越多地发生在现代人身上 。

很多时候，我们生气都是因为一些鸡毛蒜皮的小事，比如约好了时间对方迟到，比如下雨天打车很久都没来，或者突然很想吃牛肉干但到了超市发现都卖光了……但每次生气过后，回头想想，除了自己血压升高、心跳加快之外，对结果没有任何帮助，也没有人为你的脾气买单——除了你自己。

生气就是拿别人的错误来惩罚自己，这句话一点儿没错！在瞬息万变的当今社会，大家每日都面临多重压力，在工作和人际交往中，难免会出现情绪爆发的时刻。我们如何控制好情绪，从而进一步处理好问题呢？

1. 负面情绪未必一定是“坏”情绪

情绪分为正面情绪和负面情绪。不要觉得负面情绪一定不好。情绪本身没有好坏之分，只是情绪导致的结果有好坏之分。

负面情绪来源于人类的动物本性，是远古时期人类生存的驱动力。拿动物打比方，一只狮子在自己的地盘上称王，此时突然来了另外一只狮子，原来的狮子王就产生了焦虑、紧张、妒忌、愤怒等负面情绪。这个情绪引导它与新来的狮子决战，赢了就能守住自己的地盘，继续称王。

发展到当今社会，负面情绪如果能被好好地引导，也可以给我们带来正面的结果。比如我在第一章第一节提到的，每次在上台演讲之前，我都会出现焦虑和紧张的情绪。这个情绪给了我驱动力，让我不停地改稿、不停地彩排，最终让我的演讲获得了成功。

2. 意识到并接受客观存在的情绪

我在钻研了很多关于情绪管理的理论知识后，仍然有这样的感受：当情绪突然上来、血冲到脑袋的时候，依然是很难控制的。

性格90%是天生的，后天能改变的很少很少。有的人天生就是好脾气，有的人天生就容易发火。如果你跟一个脾气天生就很急的人说，你一定要冷静，他可能反而更焦虑。所谓白熊效应，就是越压抑反抗，就越容易有情绪。

所以我们要做的第一步，就是接受我们的情绪和性格。第二步，相信虽然我们未必可以选择我们的情绪，但可以选择我们的行为，限制负面情绪带来的消极影响和负面后果，甚至将负面情绪为我所用。

3. 如何控制我们的情绪

英国作家Oscar Wilde说：“我要控制情绪，而不是被情绪所控制。”

当处在负面情绪之中的时候，我们可以尝试用这四步来帮助自己：

第一步，跟自己说，缓一缓，此时此刻坚决不说任何让自己后悔

的话。

这一点其实最难做到，但我们一定要给自己设定一个目标，比如下一次我意识到自己准备发火，我就一定要给自己暂停三十分钟，什么也不说不做。人在情绪激动的时候最容易说出让别人受伤的话，之后又追悔莫及。

第二步，深呼吸。

你可以在那一瞬间，先做深呼吸。深呼吸能够减慢心率，稳定血压。在慢慢吸气的时候，心里从1数到4；再慢慢呼气，心里从1数到6，然后重复最少三次。深呼吸为大脑供应更多氧气，激活理性脑，是一个有效的镇静剂。冥想也是一个好方法，能够提高个人对情绪和行为的掌控。

第三步，转移注意力。

人遇到问题，最怕的就是钻牛角尖。情绪是一种能量，我们必须为其找到出口，否则“不是在沉默中爆发，就是在沉默中灭亡”。想想什么事情能让你变得快乐？看电影、看书、运动、听音乐、追剧、遛狗、唱卡拉OK、睡觉，还是购物？任何对你奏效、又不影响他人的方法，都可以作为你的情绪出口。

我在纽约做管理培训生的时候，所在部门是“固定收益交易”部。虽然交易员的心理素质本来就过硬，但在次贷危机下，每天上下几亿美金的损益账是常有的事情，人就好像在坐过山车。这样高负荷的工作量和高度紧绷的精神状态，不是所有人都能扛得住的。当时的部门总监，为所有交易员买了“出气鸡”的玩具。使用方法是，一旦情绪紧张的时候，就使劲拧“鸡”脖子，或是用力砸“鸡”的头（我确定不是真的鸡，大家放心）。后来发现，很多交易员不管是赚钱还是亏钱，都会拿这个玩具来宣泄情绪。

无论是正面还是负面的情绪，都需要一个出口。只有在我们情绪恢复平静的时候，才能做出理性的判断和决策，从而引导出积极的行为。

第四步，调整行为。

当情绪平复之后，我们可以问自己以下几个问题：

- 认真思考：你能够改变周围的环境吗？
- 如果可以，如何改变？在此列出几件你可以做的事情，并马上付诸实践，不要拖！

- 如果不可以，我是否可以改变自己？在此最重要的是改变自己的心态。
- 同时，我是否可以慢慢发掘现有环境的优点。哪怕是极少数，也可以加以利用。同时专注！专注于这些优点。

举个例子，比如明天就是公司年会了，你偏偏是一个不喜欢应酬的人。在公司三年，每次年会上你都觉得局促不安，不知道要如何撑得住这样的场合。

此时你可能想："这个年会对我来说将是一场重大的灾难。没有人愿意跟我说话，我也不愿意和任何人说话。我将像个白痴一样，独自一人站在角落，默默看着别人谈笑风生。"

如果带着这样的想法走进年会，将会发生什么？你可能进门之前已经倒吸一口冷气，进门后想着不会有人理我，整场哭丧着脸；而别人也会感受到你的情绪，不敢过来跟你聊天。到最后你可能真的是个不受欢迎的人，孤零零一晚上都是尴尬的自己一个人。

但是打住！情绪上来的时候，赶紧问问自己：

我可以改变环境吗？我明天可以不去年会吗？

不可以。因为公司要求每人必须参加，不去会给老板和同事留下"不积极参加团队活动""不合群""不善于团队合作"的印象。

既然无法改变环境，我可以如何改变自己呢？

不如重启你的思考框架，给自己设定一个舒服的小目标：

"我决定，我只需要在这个年会上，跟三个熟悉的同事聊聊天，聊完就走！不要给自己太大的压力！"

接下来的行为：我事先联系好这三个同事，约好时间一块儿到达现场。

跟熟悉的人在一起，不用再担心自己看上去像个傻瓜。

此外，在这样的环境下，有没有什么我平时忽略的，但可以利用起来的优势？

年会在一个相对轻松的环境下进行，我可以借这个机会，跟老板和同事们多交流，也可以有机会接触到平时可能在办公室里接触不到的高层领导，抓住机会给他们留下比较好的印象。

结果可能就此改变：你跟相熟的同事一起走进会场，在积极的情绪中，你与他人交谈时自信从容。不知不觉，你发现年会上你不仅跟相熟的朋友在一起聊，更结识了很多平时接触少的其他部门的老板和同事，互相增加了了解，甚至相约下周喝咖啡——原来你也可以在公开场合中游刃有余。

反过来，有没有想过你的情绪产生，可能是因为你并没有看到更大的环境？

你以为，担心被孤立的只有你一人吗？这个世界估计有一半的人去年会都是胆战心惊的，每个人都会对自己的表现有所顾忌。想到这一点，你可能就不会再过于纠结了。勇敢地迎接挑战吧！

4. 让“热情公式”主导我们的人生

以上四步，其实是一个工具，一个帮助我们爱自己、正视自己的方式。

最后跟大家分享一个最近学习到的自我情绪控制的公式，叫“热情公式”：

热情公式 = 意图 + 专注 + 放松

- 意图：是我们的目的地，是我们一生追寻的东西。
- 专注：把注意力放在你做出的选择上面，你会发现你的世界里多了一股力量，帮助你去实现你的意图。这就是专注的力量。
- 放松：当你敞开心扉去接纳出现在你生命中的任何事物的时候，你的“意图”和追寻的东西，就会出现在你身边。不信你可以试试看！

相反，如果你紧紧地专注你内心的执念，你就关闭了生命能量流动的大门，从而使你远离你本应该丰盈富足的生活。

人都有七情六欲，每个人的性格都不一样。但情绪是完全可以受到控制和管理的。**如何最大程度地推进目标的达成，并且在此基础上尽可能减少情绪上对自己和他人的负面影响，**需要我们在日常生活和工作中不断修炼。

“饭商”

开门见山地说，“饭商”，就是吃饭的智慧。

中国人“以食为先”，自古以来就有饭桌上谈生意的传统。饮食除了满足人的基本需求，也是头等重要的社交途径。

一项生意能否成功，起决定性作用的，往往不是利益，而是人品。雷军说，他做投资决策的时候，比看项目更重要的，是看人品。如果是不熟的、不信任的人，就算项目再好也坚决不投。

然而，**在这个世界想要迅速判断一个人的人品，难道还有比吃一顿饭更快、更有效的方法吗**？

职场也是一样，很多办公室会议厅里解决不了的问题，餐桌上解决；平时不敢跟老板提的条件，约饭搞定。因此，餐桌上的智慧，往往是事情成败的关键——**“饭商”，可以说是与智商和情商并列的第三商**。

1

我大三暑期实习的老板是销售部的总监。作为公司为数不多的女总监，她每天忙得不可开交，外出见客人，内部组织会议，各种路演，各种出差，连待在自己办公桌前的时间都很少，就算我主动找她讨论工作，也常常被别的同事打断。

我深知她对我能否拿到全职工作合约有着决定性的一票。除了工作表现出色之外，我如何创造机会让她多了解我，加深对我的印象呢？

于是我想到了：再忙的人，也要吃饭的，不是吗？

我鼓起勇气，在某个周五下午她心情好的时候，向她发出邀请。

一开始我有点忐忑，担心她拒绝。没想到她爽快地答应了邀请。我提前做足功课，从秘书那里了解到老板喜欢安静的餐厅，喜欢可以看到海的位置，她最近在排毒中，吃得比较清淡。我甚至拿到了她最喜欢的餐厅清单。

接下来的几次午餐，气氛都很好，除了工作话题之外，她很喜欢跟我分享香港的奇闻趣事和旅游景点，她原来跟我一样喜欢看麦兜卡通片。我了解到在她雷厉风行的外表下，原来有一颗纯真的童心，这让我在与她共事的过程中更加轻松自然。

同时，我找机会让她了解我的工作进展，并直接跟她点明，拿到全职工作合约对我的重大意义。

虽然不知道这些午餐时间的交流有多大的帮助，我的确在实习结束后得到了她的推荐信，顺利成为该公司的管理培训生。

2

“饭商”是如何炼成的？

主动邀请，积极约饭。约老板吃饭可以大方邀请，不用觉得不好意思，老板们都喜欢主动出击的下属，一般不会拒绝。有的小伙伴问是否私下说比较好？我个人认为不需要特别避讳别的同事，又不是偷鸡摸狗的事情，世界上也没有不透风的墙。邀请的时候实话实说，“我新来乍到，希望有机会跟您聊聊职业发展前景，不知道您下几周会不会有时间一起吃个午饭？”“最近我完成了某个项目，想请教一下您的意见和反馈，等您出差回来，我请您吃个午饭可以吗？”

提前预订。一般市中心地段的中高级餐厅，都需要提前预约。否则老板在百忙之中赏面出席，结果却浪费时间在排队等座位上，还会给对方留下你做事不用心、不会提前规划的坏印象。最好提前两个星期就预约，预约时可以加一句“麻烦留一个靠窗边较静的位置”，餐厅一般都会有这项服务，给你们提供一个舒适的谈话环境。

清楚对方的喜好和忌口。一个正在健身减肥的老板，你总不能带他吃小肥羊吧？一个正在孕期或哺乳期的老板，你总不能带她去吃寿司吧？

在自己还不太确定的情况下，可以先跟老板的秘书或助手沟通，请他们告诉你老板最喜欢的餐厅和其他偏好，这些小事情尽量不要去打扰老板。

提前五分钟到场。除了基本的礼貌之外，还可以熟悉环境，看好菜单，从容招呼对方。

了解对方的饮食习惯。我自己非常喜欢吃鱼皮，从小以为鱼皮美容又爽口。在香港有一次吃东星斑，我把鱼皮剥下来，当作谦让直接放到老板碟子里，吓得老板花容失色，连说我不吃我不吃。原来香港人眼里，鱼皮肥腻又湿毒，吃鱼的时候都会把鱼皮丢掉的。了解老板的饮食习惯，就可以避免这些尴尬了。

餐桌上可以聊工作以外的话题吗？当然可以，约饭的目的之一，就是谈办公室里不能谈的事情。我们可以事先做好功课，了解老板有些什么兴趣爱好，也可以聊些轻松的话题，比如周末什么安排啊，接下来什么时候放假啊，圣诞节去哪里旅行啊？但注意不要主动涉及私人生活（除非老板先提），尤其是感情话题，否则会被认为想要窥探他人隐私。要记住，我们的目的是与老板建立更积极的关系，让你在老板脑中的印象更深刻。我要提醒的是，**一个人高“饭商”的表现，就是无论聊得多起劲，都清楚地意识到这是一个商务场合，对面坐着的始终是你的老板**，你的衣食父母，千万要谨慎，要始终保持专业的态度和表现出对工作的热诚。

老板一定要买单，怎么办？如果坚持，那就让老板买一次！强行抢买单，不仅在公共场所有失仪态，还可能被认为是不给老板面子。顺势我们卖个口乖，“谢谢老板，下次一定要我请！”这样一来，又为下一次吃饭找到理由了。下一次出来，把信用卡提前交给前台服务员。老板要买单的时候，却发现已经买好了，太有诚意了，有没有？

三个很多人都在做，却不知道很失礼的餐桌行为，你中招了吗？（1）用筷子夹菜之后，直接送入嘴里。拜托，你自己有盘子的好吗？正确的做法应该是用公筷夹到自己的盘里，再用自己的餐具进食。（2）打喷嚏不用纸巾捂嘴，不管是不是在餐桌上，都让人非常反感。（3）把餐厅服务生当成下等人，对其态度恶劣，这种将人分为三六九等、不尊重别人的行为，也会让你失去尊重。

饭局过后，都发生了什么？很多人吃完饭就认为完事了，但大家一定不要忘记跟进啊！约饭是一个渠道，谈话内容展示了你的目标，**而之后的努力跟进才能使目标实现**。我的一个前同事，每个月至少约他的领导吃一次饭，饭桌上他们会天南地北地聊，但是不变的一个话题就是，他会请教领导上一个月的表现如何，有什么需要改进的地方。哪怕老板只是一两句点拨，他都如获珍宝，在接下来的一个月里付诸实践。那几年金融危机，人人都担心自己饭碗不保，而他却三年内连跳两级。很多人说他是靠请吃饭拍老板马屁，但我认为，他靠的是至高无上的"饭商"。

3

别说我们职场新人，就连大佬们都用心约饭。

在国际达沃斯论坛期间，各位富豪们都跟国际政要和大公司高管约饭联络感情。

马云作为达沃斯的常客，每年的指定动作就是组织饭局。今年的嘉宾包括：微软创始人比尔·盖茨、英国前首相布莱尔、加拿大总理特鲁多、万豪集团CEO苏安励，优步创始人特拉维斯·卡兰尼克，脸书首席运营官雪莉·桑德伯格等。

为款待这些嘉宾，马云准备了中国风十足的苗族鼓舞、二胡、戏曲，甚至表演了自学的魔术。就在吃饭、吹牛、表演之间，马云悄无声息地把很多人觉得不可能的任务完成了，将阿里的蓝图再次向全世界展开。

就像2016年的达沃斯饭局之后，马云和越南总理阮春福拟定了越南政府的五年电商行动计划；加拿大总理特鲁多特意访问了阿里巴巴的西溪园区，"双十一"特卖加拿大龙虾被抢购一空；在国际奥委会主席的见证下，阿里巴巴成为奥运会官方历史上最年轻的、中国唯一的顶级赞助商。

马云说："我宴请歌星、国王、总理、学者……我给他们变魔术，不谈工作。"**正是这样不谈工作，只谈感情，在觥筹交错之间，感情建立了起来，工作也就搞定了**。

用工作以外的少部分时间，来助自己事业一臂之力。用小小的吃饭钱，换来长期饭票。何乐而不为呢?

"饭商"高的人走到哪里都会闪光，靠实力吃饭最香。

个人品牌

今年出席上海KOL峰会的时候，主持人问我，如何在竞争激烈的KOL市场中脱颖而出，打造出自己的IP?

我回答，个人IP的打造跟品牌打造类似。最简单的检测标准，就是你IP的影响力。而一个有影响力的IP，一定是受到粉丝和客户信赖的IP。

我最初开创公众号的时候，大家都说红利期已过。让我下决心创办“苏珊V”的契机，是某天一篇文章标题为“在爱情里做到这一点，就能够长期保鲜”的公众号吸引了我。然而点击进去后，大家猜猜是什么内容?

居然是面膜广告！我无法表达当时那种上当受骗的感觉！在我看来，这样的作者简直就是耍流氓。不知道大家是否跟我有同感，经常看到一些文章，看的时候觉得义愤填膺感同身受，但看完之后，什么也没有学到，看了跟没看一样。

我创办公众号的初衷，就是希望带给大家真正有干货的内容，能够通过分享自己的经历感悟，以及对优秀人物的采访，给粉丝带来真正意义上的积极影响。

而对于那些哗众取宠、煽动情绪的作者来说，也许第一次可以骗我点击进去，浪费我人生的宝贵五秒钟，但下一次我一定不会再看这个公众号的任何内容。

得不到粉丝信赖的IP，注定建立不起自己的品牌，不会有长远的发展。

信赖，不管是在职场上，还是在生活中，都是最容易被忽视的取胜关键。同事信赖你，你就能拥有一个和睦的工作环境；领导信赖你，晋升的机会就离你不远了；客户信赖你，那成功就近在咫尺了。

美国管理学家汤姆·彼得斯指出：**“21世纪的生存法则，就是建立个人品牌。”**

建立属于你自己的值得信赖的个人品牌，需要做些什么呢?

1. 对人有礼貌

对周围的人谦逊、有礼貌，不把人分为三六九等，除了是基本的个人修养之外，也可以帮你赢得“第一印象”分。甚至，在事业上可以助你一臂之力。

我的朋友小T，现在是某创业公司的CMO。小T并非名校出身，毕业那年还遭遇金融危机，小T找了快半年的工作，都卡在了学历上。面试这家创业公司，她也没有抱太大的期望。

小T说，公司当年很小，就五个人，但刚刚获得天使融资，在中心商业区拥有一个小小的办公室。进门的时候，前台是个年纪不大的女生，很礼貌地请她稍等，但在给她倒水的时候，一不小心洒水了。

小T差点被烫到，她赶紧起身，没有责怪前台女生，反而担心她有没有受伤。接着，小T还帮助前台一起清洁了地板。接下来见人力资源部面试官，小T中规中矩，不觉得有特别难的问题，但也不觉得自己回答的特别出众。

不过此次面试结束后有点不同。人力资源部面试官让小T稍等片刻，说公司的创始人兼CEO想见见她。

小T说：“我完全没想到推门进来的，就是前台的那位小姐姐！”

初创公司老板，果然从将军到小兵都要做。

CEO小姐姐在选人的时候，很有自己的一套：“我们公司虽然不大，但已经得到了天使融资，申请加入团队的名校毕业生不在少数。现在高学历的人很多，但有素质的人其实并不多。我们面试了两个月，说实话，你的学历并不是最理想的，但是，我们希望你能加入团队，扩展我们的市场业务，你意下如何？”

小T简直不敢相信自己的耳朵——我是现场被录取了吗?

原来一开始洒水是套路！HR接着解释，来面试的大部分人都以为这是个做事粗心且没有决定权的前台小姐姐，不是嫌弃翻白眼，就是说以后小心点儿，更不用说像小T一样帮忙清洁地板了。

CEO小姐姐接着说："我看人，不光是学历好、聪明，更重要的是人品好。一个对所有人都谦逊有礼的人，相信一定具备良好的修养和优秀的人格，这也是我招人最看重的品质。"

CEO小姐姐果然独具慧眼，现在公司准备进入新三板，接下来还有更宏大的蓝图。作为公司初创成员之一的小T，获得了可观的原始股，实现财富自由指日可待。

我在出席活动的时候，看到一些资历很高、很聪明的人，他们对我很友好，但一转身，就变了一副嘴脸，对身边的服务员态度恶劣，言语粗暴。这样的人，哪怕再权高位重，也得不到我的尊敬。

越是细小的事情，越容易给人留下深刻的印象。

对身边的人有礼貌，就是你个人品牌的第一张名片。

2. 真诚待人，保持与人交往的前后一致性

这是第一点的延伸。

背后插刀的人，也许可以获得一时的利益，但长远来看，没有人愿意遭受背叛。当一个人在你面前，讲别人坏话的时候，聪明的你肯定会想，"这个人是不是在别人面前，也反过来说我的坏话呢？"

真诚待人，不必为了获得一丁点儿可怜的认同感而把自己放得卑微，也不必贬低一方去迎合另一方。保持与人交往的前后一致性，毕竟"两面三刀"这种行为是警醒他人不要相信自己的最大"利器"。

3. 你的能力决定他人的态度

别人信赖你的最根本原因是什么？因为你有值得别人信赖的资本，这个资本最简单最普遍的形式，就是能力。

前段时间旧同事聚会，市场主管Terry说公司来了批新人，个个都是

初出茅庐却又满腔热血渴望干出一番事业的毛头小子，整个部门都活跃了起来。

新人自然要从最基础的做起，这是所有公司不成文的规定。刚开始，他们还兴冲冲地跑腿、收集资料、做些看似无关紧要的工作，但时间一长，热情被渐渐消磨，他们开始着急了。

这样下去，什么时候才能成功走上人生巅峰呢?

他们中有人问Terry，明明学历不差，可为什么就是得不到重用呢?Terry告诉他，就俩字——“能力”。

只有水平够高，才能让人信赖得心服口服。

新人们的态度非常好，每日精力充沛，但他们大部分的能力暂时还不够——工作必需的办公软件还没精通、专业牌照都没考到、模拟策划案也没能按照公司的规格做……Terry对大部分新人提出建议：“每天打鸡血是好的，但同时必须戒掉浮躁，沉下心来在职场的开端专注于业务能力的提高。”

要想获得他人的信任，自己就要有被人信得过的地方。

4. 做事有始有终、言出必行

这是从小老师就教过的道理，长大了更加明白其中的真谛。

我的小侄子去年也大学毕业了。一开始，他看上去就是一个初入社会的大男孩儿，他的老板也按例交给他一些没什么意义的工作。

相比上面提到的新人们，我的侄子没有挑三拣四，只是一口应下，然后每一件工作都认真执行，不管是打印文件，给客户端茶倒水，还是给老板准备资料——无论工作的难度大小，只要是他答应了老板和同事，就会按时按量完成。

久而久之，公司上下都知道他是一个靠谱的人。他的努力也得到了回报，现在老板去出差开会、见重要的客户，都是带着他，因为知道他做事有始有终，有交代有担当。

老师从小就教我们，答应别人的事一定要完成。没有100%把握可以完成的事，就不要轻易许诺别人。

做个诚信的人，才能得到别人的信任。

5. 展现你的忠诚和责任感

马云说："看到十年换过七八份工作的人，就像十年内结过七八次婚，漂亮但无忠诚，您敢娶和该娶吗？"

良不敌忠，再优秀的臣子若不够忠诚，也无法得到皇帝的信赖与重用。相反，有情有义的忠诚之士在危难之际更能显现出可贵。

作为一名员工，当公司处于水深火热的时候，如果能够表现出与公司同舟共济的信念，表现出对公司和老板的忠诚，而非迅速跳槽或落井下石，相信在雨过天晴的时候，你将以"功臣"的元老级形象出现。

6. 个人品牌需要长期的维护

任何一个品牌，都需要持续的维护和评估。个人品牌也是一样。我们不断学习、调整，不断增强自己的各方面能力，对自己有信心的同时，给自己时间和耐心，找到最适合自己的定位，发展别人难以替代的一技之长。

做任何事情想要成功，都需要持之以恒。一个志向高远、决心坚定的人，做事一定会有始有终，决不会半途而废。

可口可乐高层曾经讲过："对于可口可乐这家公司而言，最重要的就是可口可乐这个品牌，即使销售渠道没了、资金没了、所有的有形资产都没有了，只要可口可乐这个品牌还在，就能很快东山再起；而如果可口可乐这个品牌毁了，即使其他资源再好，最后的命运也只是倒闭。"

建立个人品牌，跟打造一个产品品牌的逻辑是相近的。产品要想卖得好，自身质量要过硬，且要有高知名度。我们个人也是一样，要不断地提高自己的实力，扩大自己的影响力。

具有高信任度的人，无疑会受到更高层次的尊重。

一个品牌策划大师说："你不必苦苦追寻一个又一个目标，金钱、权力、地位、认可、幸福和友情，如果你拥有自己的个人品牌，它们会结伴而来。”无论我们处于人生的什么阶段，我们追求的是什么，我们都要全力打造并谨慎维护属于你自己的个人品牌。

第五章

Chapter 5

时间管理

让我快速　成长

时间——新时代的货币

有一部我印象很深刻的电影叫《时间规划局》，是由贾斯汀·汀布莱克和阿曼达·塞弗里德主演的科幻悬疑片。

姑且不谈演员阵容和演技，电影吸引我的地方是它提出了一个非常有意思的概念：

在未来社会，所有的交换不是用“金钱”来执行，而是由“时间”来做计量器，所有的东西都可以用你手臂上显示的剩余生存时间来交换。人类在二十五岁以后就不再变老，当一个人手臂上内置的倒计时电子时钟显示该人时间归零时，人就会直接死亡。

要想继续活下去就必须通过劳动去获得报酬——时间。

这个社会的贫富差距非常大：在穷人区，很多人只剩下1天的时间，在这一天里他们必须赚够能维持第二天生存的时间，而随地可见因为时间用完而亡的尸体；而富人区的人干什么都慢腾腾的，因为他们有大把的时间可以挥霍。

影片中最让我动容的是这一幕：

由于公交车票价突然上涨，贾斯汀·汀布莱克饰演的男主的母亲没有足够的时间换车票，只能往家狂奔；去车站接母亲的贾斯汀看到狂奔的母亲，知道她的时间不够，于是也向母亲狂奔而去，想把自己的一部分时间转让给母亲延续生命；然而就在他们相距仅一步之遥时，母亲的倒计时归零，就这样倒在了自己的儿子面前。

在这个未来世界里，时间是最宝贵的，它可以兑换一切，食物、房子、车子，甚至生命。

回到现实认真回味一下——这难道不就是我们现在生活的世界吗？！

时间是最宝贵的财富，你没有好好珍惜利用时间，错过了就再回不来了。

富人也许可以买私人飞机，可以买一个海岛，可以在股市呼风唤雨，但他无法买回昨天的自己，他也无法改变已经做过或没做过的事情。

时间是最公平的，每个人每一天都有24小时。

但时间也是最不公平的，因为有的人浑浑噩噩过一整天，而有的人一天24小时都不够用。

时间的价值取决于一个人如何利用。

我们需要培养时间管理的能力，让自己成为时间的“富人”。

1. 快速学习的能力

我非常敬佩的一个北大师兄，书香门第出身，在北京做私募基金白手起家，是我身边最早实现财富自由的“80后”之一，为人谦逊儒雅，家里一儿一女，可谓事业家庭双丰收的成功代表。

我的公众号人物专访采访他的时候，我问他打拼那么多年，以他的经验，想要快速成为行业的佼佼者，需要什么素质？他想了一下说，今晚我们一起看个私藏家画展，之后我再告诉你。

画展结束之后，师兄说，艺术品的鉴赏需要长期的积累，没有人可以说今天我学习画画，明天我就可以成为画家。艺术的学习和鉴赏没有速成班。但是，艺术之外的其他行业是可以通过快速学习来掌握的。

在他职业生涯的最开始，做的每一个项目，对他来说都是一个快速学习行业知识的过程。他大学本科是国际政治专业，私募基金覆盖的项目跟他的专业基本不沾边：从开始几年的重金属行业、能源行业，到房地产行业，再到现在的医药、零售行业等等。

每一次负责新的项目，他都需要从头学起，分析行业的市场竞争格局、行业政策，再到公司的运行状况、产品生产、销售、成本、风险、技术、行业竞争力，甚至到公司负责人的性格、背景等，都需要在短时间内做彻底研究和准确判断。

与其说工作性质培养了他快速学习的能力，不如说正是因为他有快速学习的能力，才让他在私募行业做得风生水起。

师兄说他运用行动学习理论的“721法则”——70%的时间练习和执行，20%的时间与人沟通和讨论，还有10%的时间去系统地学习知识和信息。

“每一次新项目接手，我没有时间像大学生一样系统学习理论知识。我只能在实践中学习，依靠经验、向行业内人士请教。开始的几年要学习的东西非常多，我每完成一个项目，就掌握了该行业的基本运作。

“但是我周末是坚决不加班的（除了出差），因为我要求自己亲自带两个孩子，不愿意因为工作而错过陪伴他们成长的时间，毕竟时间是不可逆的（以目前的科技来说）。

“所以如果一定要有什么成功的经验，那就是快速学习的能力吧。时间有限，而我们需要学习的东西实在太多了。”

2. 凡事找到最高效的方法

美国真人秀明星金·卡戴珊的姐姐是个四十岁的冻龄美人，也是三个孩子的母亲。

她曾经跟媒体分享：我在生孩子前，每天都去做两小时运动；每天面对摄影机让我对自己外形的要求很高。连续四年生了三个孩子后，我恢复体形的压力更大了，然而，我发现自己没有时间了！我需要打点生意，每天还要录制真人秀节目，更重要的是，现在家里多了三个嗷嗷待哺的宝贝！每天给他们喂奶、换尿片、哄睡觉就几乎占用了我所有的时间！

终于我找到我的健身教练，告诉她，我很想做运动，但现在没什么个人时间了，怎么办？

她问我，那你告诉我，你每周有多少时间可以给我？

我算了一下，说每周最多有两天可以做运动，每次只有三十分钟……

她说没有问题，我为你量身定制一个课程，让你用最高效的运动方法，每周一小时等于你以前七天×两小时的效果。

现在我很高兴——每周只需要花两个早上的三十分钟去做运动，每次我都全力以赴，甚至达到快呕吐的状态。今年我快要四十一岁了，三个孩子的妈妈，但我现在的身材是有史以来最好的状态！

我并不是鼓励大家不顾自己的极限来做运动，做运动要接受专业指导，量力而为。但不管做任何事情，我们都可以咨询专业人士的意见，看看是否可以找到一个在自己能力范围内的最高效方法。

我们无法改变一天二十四小时，但我们可以改变每单位时间的产出。

3. 超凡的执行力

执行力的直接表现就是——想做的事情不要等，从今天就开始！

一次，某国际大品牌突然找到我说想合作一个KOL项目。我一开始很惊讶，以这个品牌的知名度，应该很少有人能够入他的法眼。

后来品牌的市场总监告诉我，的确现在的KOL很多，但她选择我，是因为看中了我的执行能力——我能够在生完二胎宝宝三个月之内，就把自己的微信公众号建立起来，并且能够坚持每周几次的更新，实属不易。现在每天都有新的KOL出现，但据统计很多人更新了不到七篇就放弃了。

没想到这么小的一件事情，就可以为我带来一份梦寐以求的品牌合作。

我们经常会听到，甚至我们自己也说过这样的话：等我有时间了，就怎样怎样；等我有空了，就如何如何。觉得自己没时间的人，永远也不会有时间。因为他缺少的不是时间，而是执行力。

很多公司的口号：宁愿要一流的执行力，二流的思想。没有执行力，再好的点子也只是纸上谈兵。

当然，让我们望而却步的原因可能是目标太过远大。我们完全可以从小事做起，每天完成一个“小目标”。比如刚生完宝宝的时候，我跟自己说，希望这个月能够做平板支撑一分钟，那我今天就从十秒开始，十秒我肯定可以做到；过两天再坚持到二十秒，然后三十秒……慢慢累积上去。

千万不要等待，不要给自己找借口，现在就开始行动！

4. 提前做计划

很多外企在面试的时候，喜欢问应聘者这个问题："如果给你一天二十五小时，那多出来的一小时，你会用来做什么？"

网上的所谓"标准答案"也是五花八门，有的人会细分：我将这一小时分为六个十分钟——第一个十分钟用来看电视，第二个十分钟用来读书，第三个十分钟用来写作，第四个十分钟用来运动，第五个十分钟用来刷刷微信，最后一个十分钟用来放松听音乐。

也有的人会利用完整的时间：我就利用这一个小时来认真加班。

其实没有什么标准答案，面试官考察的是一个人的反应速度和逻辑思考能力。

我也被问过这个问题。我给的答案是，我会利用这一整块的时间，对今天的工作和生活做反思，并为明天做计划。

当代人的生活节奏都很快，但即使一天只有二十四小时，我们也务必要抽出这个时间，对一天的工作和生活做一个"复盘"：看看自己哪些地方做得好、受到了表扬，哪些地方可以改善进步；反思之后就要付诸行动，制订一个行动计划，明确明天要达成的小目标，预设执行方法，这样就可以起到事半功倍的效果。

"凡事预则立，不预则废。"所谓"磨刀不误砍柴工"就是这个道理。

5. 好好利用业余时间和碎片时间

有人说，人的差距是在业余时间产生的。相信很多人都听过TED《如何掌控你的自由时间》的演讲。演讲者是劳拉·万德坎姆，她著有《卖力找工作：不需交钱就能建立一份有价值的事业》《天天二十五小时》《一流成功人士早餐前都做什么》等畅销书。

演讲里的几段话引发了我的思考：

"时间是选择：我没时间通常意味着这件事情不重要。"

有一次，劳拉要去采访一位非常忙碌的成功人士。可是，她没有空和劳拉对话，因为她去徒步了。她说：“我所做的每件事情，花的每一分钟，都是我自己的选择。”她没有说“我没有时间做甲乙丙丁”，她只是说“我没有做甲乙丙丁，是因为我觉得那不是重要的事情”。

“好消息，我们都有足够的时间。”

一周有24×7=168小时，如果除去每周工作的40小时和每周56小时的睡眠，这样还有72小时的空余时间，即使每周工作60个小时，仍然有52个小时做其他的事情。

“时间的弹性是很强的。”

有位非常繁忙的女士，有一天，她发现家里地下室的水管爆了，她总共花了七个小时的时间修理和清洁。七小时，那就是一周每天多出来一小时。但如果那一周开始时问她：“你能挤出七小时进行铁人三项运动训练吗？”“你能挤出七小时辅导七个值得辅导的人吗？”相信她会跟我们大多数人一样，说：“不行，你看不出来我有多忙吗？”可是当家里地下室淹了水，她不得不挤出这七个小时。所以，时间的弹性是很强的，我们是绝对能挤出时间，做你认为重要的事情的。

“我们节省零散的时间，加起来，最终就能做到我们想做的所有事情。”

当我们有一点儿空闲时间的时候，我们会做什么？拿出手机，开始刷朋友圈，或者在家里闲逛、追剧？但是每个不起眼的时刻都潜力无限。你可以用零星的时间，去做一些有趣的事情。比如说，跟我一样，在上下班的公交上读一些有趣的书。

一个关于奥巴马的经典例子，无论多忙，奥巴马每天都尽量与女儿们共进晚餐，即使在竞选总统二十一个月的漫长日子中，他也从没有耽误过一次家庭会。这是一个关于父亲教育的例子，但也提醒着我们每一个人，时间是有弹性的，关键在于我们如何管理和选择。

把握时间的轨迹，专注于重要的事情，认认真真地过好每一个属于自己的今天，把握每一分每一秒。就好像劳拉在演讲结尾时，对时间管理的精髓做了总结：“永远都有时间，有时间去做更重要的事情，如果我们能够更关注更重要的事情，就能利用好我们的时间，打造我们想要的生活。”

论守时的重要性

几年前有一则新闻：秘鲁总统阿兰·加西亚发起了一场主题为“守时勿迟”的全民守时运动。在运动发起仪式上，加西亚总统发言说，“不守时是一个令人讨厌的、可怕的、有害的习俗”“不守时令国家倒退”。

秘鲁首都利马的中央广场上，电视台在现场直播，汽笛开始鸣响，这一切都在提醒秘鲁人校准自己的手表，迎接一个全民性的守时运动的开始。

原来，“迟到”一直被看作是秘鲁文化的一部分，是秘鲁人的国民性格。无论上班、聚餐，还是参加婚礼，秘鲁人平均迟到一小时。“秘鲁人总是迟到，这不仅反映了他们对待工作的消极态度，而且这种行为还损害了国家生产力。”

“守时是对你的邻居的尊敬。”加西亚说，“当我们在浪费时间的时候，秘鲁也在浪费时间。”

我们中国的古人早已意识到守时的重要性。很多诗词里都有守时的出处：

- 《国语·越语下》：“范蠡曰：‘圣人随时以行，是谓守时。’”
- 《毛传》：“鸡犹守时而鸣，喈喈然。”
- 《荀子·富国》：“守时力民，进事长功，和齐百姓，使人不偷，是将率之事也。”

守时，在很多人眼里可能无足轻重，却是个人发展和社会进步的重要支柱之一。对于我个人来说，守时是社交的基本准则，也是我周围很多优秀人物共同拥有的品质。

1. 守时是对他人的基本尊重

守时不迟到，反映了一个人的价值观和行为教养。

我在前几节提到的同事R，那个坚持不跳槽的ABC阳光大男孩儿。从他的身上，我看到了很多被当代人忽略的优良传统。除了忠诚之外，他还有一个很大的闪光点，就是无论做什么，他总是非常守时，也很少放人鸽子。

刚开始工作的时候，公司安排我们管培生住在同一栋楼里，周末我们时常在附近聚餐。其中有两个女生特别喜欢迟到，每次都要大家等半个小时到一个小时。久而久之，连我去赴会都迟到个十几分钟，因为就算到了也总是要等，还不如迟一点儿。

但R永远都是准时的那个。我特别不能理解，觉得R有点傻，就好像我觉得他留在同一家公司工作很傻一样。

现在R在公司做到非常高层，我就问他，现在做大老板了，你是不是不用那么准时了？R很认真地说："守时，在很多人眼里都觉得无所谓，但在我眼里，真真切切是一个人通向成功的基本品质之一。

"我是个非常有时间观念的人，不愿意浪费生命中的一分一秒；以己度人，我也非常珍惜别人的时间。和别人约好的时间，我会尽全力做到不迟到。如果真的迫不得已要迟到，我一定提前告诉对方，到达之后也会非常认真地道歉。

"我不想因为自己的原因为对方带来麻烦。"

守时是对他人的尊重，也是对自己的尊重。

2. 守时就是守信

很多人把"守时"跟"守信"连在一起。守时守信是人在社会生活中的最基本责任。

在我眼里，没有时间观念的人真的很糟糕。明明知道就快要迟到了，偏偏还要在家里刷十分钟朋友圈才出门；明明知道别人已经在等，却觉得别人等他是天经地义，完全不觉得内疚。

这些人还总是可以寻找各种借口，为自己迟到而开脱。他们心里可能想，迟到一点儿怕什么，现在谁不迟到，与其我等别人，不如让别人来等我。更有甚者，让别人等了一小时也没有丝毫歉意："路上塞车，我也没办法啊。"他们完全不觉得不守时是一件多么错误的行为。

由于自身的原因耽误别人的时间，是一种非常自私的行为。他们不考虑别人感受，在他们的心里，没有守时守约定的概念。这些人，自己可能觉得让别人等很潇洒，但在别人眼里，他是一个把自己的方便建立在给别人带来麻烦的基础上的自私鬼。

鲁迅先生在《且介亭杂文》的《门外文谈》中写道："时间就是生命，无端地空耗别人的时间，其实无异于谋财害命的。"

守时，是最简单的承诺。

在商品经济社会，不讲信用会遭投诉、不守协定要坐牢，快递小哥都要为了一分钟而拼命狂奔。遵守时间，就是遵守你跟别人的约定，不浪费自己和他人的时间，是对自己和他人的负责。

3. 能够守时的人，具备良好的管理时间的能力

时间观念蕴含着一个人的工作态度和生活态度。是否守时，反映出一个人是否具有时间管理能力和自律能力。所谓迟到的原因有千千万万，可以是堵车，可以是途中接了一个电话，可以是闹钟设置错了或者根本没有响。

守时的原因只有一个：这个人有很强的自律能力和时间管理能力。

我曾经问R："你是如何做到总是那么准时到达的呢？"

R说："我住的地方比较远，每一次出发之前，我都会在脑海里想一遍路程需要多久，预留出堵车时间。"

所有伟大的成功，都由许多细小的琐事汇聚而成。自律的人总会给身边的人带来正面的影响。作为R的朋友，你会感觉得到被重视。被如此认真对待着的你，也会同等地对待他人。久而久之，只要是R组的局，大家都会准时到。连十年前那两个喜欢迟到的女生，也都变得很守时了。大家开开心心聚在一起，不用等任何人，难道不是最理想的状态吗？

一个守时的人，会建立良好的个人品牌，也会感染周围的人，形成一

个良性循环，让大家都不用浪费时间在等待上。

如果整个社会都是这样的风气，那么可以想象，社会生产力将不会有一分钟的浪费。

4. 守时是生意场上的基本要求

R说："守时的人，谈成生意的概率会更高。尤其是第一次见客人，如果迟到就完蛋了。"

这个很好理解：如果你去考试迟到十分钟，你可能会来不及写完卷子，甚至监考老师都不让你进考场；如果你谈生意，迟到十分钟，也许就错过了一单大业务！上班迟到、见客户迟到、出差误机、签合同的重大场合迟到，种种的不守时都会让你在别人眼里的形象急转直下，信誉度一泻千里，从而影响到工作上的合作以及交际。

没有契约精神的人，不值得合作，也不值得深交。成大事者，严于律己。

R的守时，不仅在朋友圈里出了名，在公司里也是助他成功的重要因素。

"别人是否迟到是别人的选择，守时是我对自己的要求。"R说他作为一个销售员，最重要的是看业绩，而业绩哪里来？归根到底还是要靠客户。R从管培生做起，一开始只拿到上级分配的小客户，到现在口碑相传引荐而来的大客户，整整十年，基本没有一个客户被别家公司抢去。

有一年，公司高层惊闻R的一个重量级客户正在被人挖墙脚，急得如热锅上的蚂蚁。好在最终，对手还是败下阵来，客户留在了R的公司。后来R的老板跟客户吃感谢饭，问现在市场竞争激烈，大家都打价格战，为什么那么多年都愿意仅跟我们一家公司合作。

客户公司的大老板回答："的确，你们公司的价格不一定最有优势，这也是我们之前犹豫的原因。但做生意要看长远的战略，不能贪图短暂的利益。做生意要看产品、看价格没错，但我最看重的，是跟我们打交道的人。

"这么多年的合作，R从不会迟到，他信守承诺。我们只愿意跟有责任感、守信的人做生意。R在哪个公司，我们就跟哪个公司合作。”

5. 无论对方是什么身份，如果约好了的时间，就应当遵守

如果你不愿意见对方，大可以婉拒，或者说我们下次再约。但绝对不可以约好了却让对方等，哪怕对方是你的下属，或是有求于你的人。大家为什么那么讨厌明星迟到“耍大牌”？一是浪费了大家的时间，二是让大家觉得没有受到尊重。明星也是人，粉丝和工作人员也是人。明星迟到也需要道歉。

曾经有一个报道说，香港著名的畅销书作家梁凤仪曾经应邀到我的母校北京大学做报告，时间是下午3点。当天的上午她应邀参观了中央电视台的一个拍摄基地后，觉得时间还很充足，就和基地的领导一起共进了午餐。谁知乘车去北大的路上堵车了，结果迟到了一小时。

会议开始后，主持人一再强调：“梁老师迟到是因为堵车。”

但是，走上讲台的梁凤仪觉得自己是不可原谅的，她说：“各位同学，我在此向大家诚恳道歉！北京堵车是常事，但我不应该为自己找借口，我应该把堵车的时间计算在内，做好充分的准备。**如果在座的有一千位同学，我迟到的这一小时，对大家来说，就是浪费了一千个小时的生产力量，影响一千个人的心情啊！我只能盼望你们的原谅！**”

对待时间约定的态度，决定了一个人的格局。

抛开我们个人，对于一个社会来说，守时的重要性，就是为人的行为提供可预期性。

大家可以想象，在一个人人都守时的社会，没有一个人需要等另外一个人，人人都准时上班，准时赴约，没有时间的浪费，没有精力的浪费，这样的社会一定是日新月异，一日千里；而我们个人，也将得到长足的发展。

可怜自己不如武装自己

平时上节目，栏目组都喜欢叫我“苏学霸”。

之前在深圳卫视李维嘉老师主持的《辣妈学院》做嘉宾，我推荐面膜和祛斑膏给大家“种草”，屏幕下面都要打一个“学霸的选择”。

不过我想跟大家分享一个跟学霸相去甚远的“糗事”。

1

大学毕业后，我来到伦敦做管理培训生，跟全球选拔出来的十五个毕业生一起，参加公司的入职培训。十五个毕业生分别来自英国、美国和中国，不是毕业于剑桥、牛津、哈佛、斯坦福，就是北大、清华，全部是一流大学最顶尖的学生。

到达伦敦后，我们的首要任务就是通过英国的Financial Service Association考试。

这是英国的金融行业从业资格证书。考试一共有三门，全英文。公司要求每个管培生都要通过（60分及格），每人有两次机会，如果第二次还通过不了，那么对不起，你就得收拾背包走人了。

那是我人生第一次出国。兴奋劲儿还没过，我就意识到考试的难度——我们的考试安排在抵达伦敦的第二周，也就是说平均每门只有三天的准备时间。上课的老师来自爱尔兰，本来英文就不是我的母语，根本听不明白爱尔兰口音。考试的材料和试题，都是全英文的，我从来没有试过全英文的考试（除了英文考试之外），我需要花时间翻译考题。

加上时差，完全陌生的环境、人，不合口味的食物——总之，三门考试，我有两门挂掉了。

学霸竟然考试不及格，简直无法想象！这确实在我身上发生了。关键是，没有人理解我的苦衷。更多人反而是看笑话，觉得你一个北大高才生，原来是这样的水平啊！甚至有一个美国管培生开我玩笑，问我是不是走了后门。

整整一个星期，我白天装作若无其事，晚上躲在被子里偷偷地哭。我觉得特别委屈、特别生气。我怎么可能没及格呢？为什么没人考虑我的语言障碍，对我通情达理一些呢？我想回家，想爸爸妈妈，想大学的好朋友，甚至想要放弃了。每天走过异国他乡陌生的街道，我只想找个没人的黑暗角落抱抱脆弱的自己。

我觉得我的职业生涯要完蛋了。然而，脑海中的另外一个声音告诉我，不要浪费时间哭泣，擦干眼泪，现在就爬起来，坐到桌子旁边，为重考好好准备！下一场考试安排在一个月之后，还好，我还有时间。我制订了一个学习计划，每天白天是紧张的培训，晚上我就挤出时间，花至少两个小时复习。

当别的已经通过考试的管培生在狂欢，在喝酒畅谈，在逛街、看音乐剧的时候，我就把自己关在小房间里面学习，饿了就叫外卖，或者做个简单的通心粉。任外面的音乐和笑声有多大，我用耳塞紧紧塞住自己的耳朵。

终于，一个月后，我的两科复考都通过了。拿到成绩单的那一刻，我很庆幸自己没有放弃，更没有浪费时间给自己找借口。这个月的认真和努力，也被别的毕业生看在眼里。哪怕一开始取笑我的美国学生，得知我通过考试后也走过来给了我一个大大的拥抱，说："恭喜你，你让我看到了中国学生的坚韧！"

在每天的行色匆匆里，谁有那么多时间去可怜自己的不堪。只有足够优秀，你才能直面这个世界不退缩。

以后每当我在职业生涯上觉得碰到瓶颈的时候，我就想想职业生涯刚开始的这段日子，然后跟自己说："所有的否定只是因为自己不够优秀，与其浪费时间可怜自己，不如多花时间武装自己。"

2

每个人生活中总是有不如意的时候。有的人选择被淹没在焦虑中——他们总能找到各种理由为自己开脱。有的人则选择不浪费一分一秒在自哀自怜上，而是把时间花在如何让自己更强大上。

找不到实习？我就从义工做起，在简历上记录下第一笔社会经验；担心找不到男朋友？从今天开始学习化妆，敷面膜，学习养生知识；感叹自己没有人脉？现在就上网查查你所在的城市最近的一次社交活动、最受欢迎的俱乐部和社区；着急自己没赚够钱？马上开始学习理财知识，学习如何利用业余时间做生意。

有句话：“人的一生中二十岁到三十岁是做选择的时间，而剩下的日子你都在为自己的选择买单。”

我第一次听到的时候，没什么感觉。但现在回头看，发现一个人在他的二十岁到三十岁这个阶段，的确会经历人生的重大变化——大学、工作、恋爱、结婚、生子。

当然每个人的选择不同，对于很多人来说，三十岁他的人生才刚刚开始，那其实就更棒了！无论是二十岁到三十岁，还是三十岁到四十岁，任何年龄段，都要有一种紧迫感。

与其花时间去纠结别人有的东西，不如去研究别人在背后做了多大的努力——一个对成功极其渴望的人，一定不会浪费时间去纠结自己没有的东西，而是从这一刻开始就采取行动，为自己争取他想要的东西。

3

曾经看到新闻，微软在招聘时，青睐一种“聪明人”。这种“聪明人”，并非在招聘时就已是某一方面的专家，而是一个积极进取的“学习快手”——一个能在短时间内，主动学习更多的工作知识、经验、提高自身技能的人。

有外国的职业专家指出：“现在职业半衰期越来越短，所有高薪者若不学习，用不了五年就会变成低薪者。”

“先升值，再升职”是职场人士的生存之道。工作如此，人生也是如此。就算我们处于自己的舒适圈，生活顺风顺水，都要有适度的危机感。无论你处在人生的低谷期，还是高峰期，都需要不断给自己增值。

如果你已经有明确的目标，那么恭喜你，从今天开始，就向着你的目标努力吧。

如果你还没有明确的目标，觉得无从下手的话，可以借助以下途径去发掘自己的潜能：

（1）多读书

读书是跟伟大的思想产生直接碰撞的机会。即使在自媒体盛行的今天，哪怕我自己也在运营公众号——苏珊V，我绝对不会丢下书本。每天送宝宝上学，我都要带上一本书，在路上翻看。

三毛说：“读书多了，容颜自然改变。”许多时候，自己可能以为许多看过的书籍都成了过眼云烟，不复记忆，其实它们仍是潜在的。在气质里，在谈吐上，在胸襟的无涯，当然也可能显露在生活和文字里。

我非常尊敬的季羡林教授也说过，如果读书也能算是一个嗜好的话，我的唯一嗜好就是读书。人必须读书，才能继承和发扬前人的智慧。人类之所以能进步，靠的就是能读书又写书的本领。

（2）管理自己的外形

都说管理不好形象，还谈什么管理人生。好的形象给别人好的第一印象，一个人的形象是个人品牌的第一名片。

管理形象并不是说要花重金置装，不需要买名牌，也可以穿得干净整洁，衣着得体，妆容得当。

（3）培养兴趣爱好

我的一个朋友刚刚升职，周一到周五，每天早上7点到公司，晚上10点下班，忙得不可开交。但是到了周末，她一定去上兴趣班调节自己。前几年她迷上了品酒课，现在考了证书，还做了个业余的调酒师。

她说有一次见一个出名难搞的客户，公司上下都没有方法，她一出马就发现客户很喜欢红酒，二人相谈甚欢，聊了一整个下午，业务也顺便搞定了。

做一个兴趣广泛的人，对事物充满好奇心，你的兴趣爱好甚至可能在事业上帮你一把。

（4）多学一门专业技能

我们可以利用业余时间多学习一门技能，比如多学一门外语，学习电脑编程，或者考专业资格证书。

我身边很多上进的女性朋友，她们在生孩子期间没有闲着，把EMBA给读了。对于上进的人来说，他们永远不会停下学习的脚步，不停地给自己增值，最大程度地施展自己的才能。

（5）养成良好的习惯

不要小看习惯的威力。叶圣陶曾经说过：“积千累万，不如养个好习惯。”

记得在北大读书的时候，就有教授说过，养成一个习惯，需要四十九天的时间——也就是七个星期。比如我希望自己每天早上起床后做十分钟瑜伽，背三十分钟英文单词，或者晚上睡觉前做三十分钟阅读，那么不要等，从今天就开始，坚持七个星期就成为你的一个习惯。你不需要刻意去做，它已经成为你生活的一部分。

如果你每天三十分钟背十个单词，一周就是七十个单词，一个月就是二百八十个新单词。那么一年下来，你就领先了别人三千三百六十个单词。

都说如何过一天，就是如何过一生。

在童话《爱丽丝梦游仙境》中，红心皇后对爱丽丝说了这句话：“在我们这个国度，你必须不停奔跑，才能保持在原地。”

罗振宇也引用了这句话：“之前，我们以为这是童话。现在，我们意识到这是现实。”

从现在开始，不去想“为什么别人有的东西，我却没有”，而是每天问问自己“我离我的目标还有多远，我今天是否为实现目标而采取了行动”。

做自己生活的主人

刚搬到上海的第一个月，我每天都觉得特别累。一是忙着搬家，二是要处理孩子们的上学问题，我还答应了协助“世界女企业家协会”在上海筹办年会，同时要继续运营我珍爱的自媒体。

新的城市新的家，新的环境新的人，一切都不是我的舒适区，我真的不那么游刃有余了。

终于有一天我病倒了。

倒在厕所里把胆汁几乎都吐出来了，手脚无力，当晚是从厕所爬回床上的。但第二天照样要7点起床，照顾两个宝宝，送他们上学，买菜做家务，然后工作、跟之前约好的合作方见面、电话会议……

有一天中午，我跟我爸爸送完小宝上学，我又要马不停蹄地赶回家洗衣服，为了节省时间、随时充电，我还带了一本书在路上看。

这时候爸爸说：“今天给自己放个小假，走，我带你去吃个海胆水饺。”

我一听就说：“吃什么水饺啊，家里的卫生还没弄好，一会儿还要出来接大宝。”

爸爸笑笑说：“我保证吃完水饺，你的时间不少反而更多，信不信？这还是大众点评必吃水饺，作为吃货怎可以错过。”

还是爸爸了解我，激将法果然有效。在餐厅坐下来后，爸爸问我：“是不是觉得喘不过气来？每天都像个陀螺一直在转？”

我说：“对啊，明明我已经很会有效利用时间了，争分夺秒地做每一件事，怎么好像还是管理不过来？关键是弄得心情还很糟糕。”

爸爸说：“是的，看你总是皱着眉头，小心会变丑呀。”

说完我们俩都笑了。

爸爸接着说："今天我们坐下来想一下，到底是哪里出了问题，有什么方法可以更好地管理我们的精力吧。"此话一出，让我醍醐灌顶。在时间和工作量跟以往差不多的情况下，为什么我会感觉很累、不快乐、透不过气？那八成是因为精力出了问题。

1. 管理时间和管理精力的不同

李笑来在《做时间的朋友》一书中提出"精力管理"的观点：每个人每天都是二十四个小时的固定时长，决定产出的，不是某个时间段做了什么，而是做成了什么。

比如说，我们每天都是八小时工作，假设从早到晚我们都不说废话不做无关紧要的事。但是到了下午4点之后，很多人的专注力就会急剧下跌，反应速度开始放缓，就连说话沟通都比上午慢半拍。

同样的人，同样的工作地点，但上午和下午4点之后的工作效果可能截然不同。这不是管理时间就能控制的，影响工作效果和沟通效率的是人的精力。我们潜意识里有"忙碌就是生产力"的误解，以为自己忙到不可开交，就一定很有成果。然而事实是，当你在处理你认为烦琐的事情的时候，你的精力已经被大大消耗掉了。

就像我，一天到晚忙到没有一刻停下来，连在家里从卧室到厨房都用小跑的，我绝对是见缝插针、不浪费一分一秒的典范。却弄到自己筋疲力尽，甚至大病一场——生病的时候，你绝对是没有时间和精力做任何事情的，真是得不偿失。

2. 写出你的优先顺序

其实无论是管理时间，还是管理精力，我们的目的都是希望达到自己的目标。

精力管理的首要问题，就是分清楚事情的轻重缓急，把精力用在最重要的事情上。就好像我们经常说"钱要用在刀刃上"，精力更是要花在值得的事情上。

那么，我们如何更好地分配自己的精力呢？

大家都知道优先顺序分类法：将生活中每天要做的事情列出来，按照**紧急和不紧急的、重要和不重要的、简单和复杂的来分类**。

同时也要给精力做一个分类：根据我的生物钟，我每天哪一段时间精力最充沛，哪一段时间最容易感到疲劳、效率低下？

接下来做匹配：

首先，紧急而重要的事情，一定是最先做。

然后，就可以按照精力的不同来安排事情的先后顺序：

- 精力最充沛的时段，当然是给最复杂和最重要的事情；
- 而精力最差的时段，就给那些比较简单、不需要消耗我们过多体力和脑力的事情。

此外，如果一件事情做了以后，再做其他事情会产生事半功倍的效果，那么即使这件事情你认为不紧急不重要，也要优先做。

比如说，我今天非常着急要写完一篇公众号推文，明天就要发送，我还要校对、排版、研究标题。我必须要在上午写完，因为我午饭时间还约了朋友和她的孩子去亲子咖啡。于是我就埋头写文章。

长期带娃和打字，我的头和肩膀劳损很严重。我很想去按摩，但是我不想“浪费”时间在“没有产出”“不重要”“不紧急”的事情上——去按摩的时候，我就不能码字了。我忍着酸痛继续工作，因为我实在是太惜时如金了。

可想而知，我在自己规定的时间内勉强完成了各项任务，文章写好了，孩子也玩好了。但每天晚上我都忍受着肩颈酸痛的折磨，难以入睡；第二天依旧有各种任务等着我完成，我没有一刻喘息的机会，感觉身体都要被掏空了，每天都筋疲力尽。

直到有一天，我发现连扭头都困难了，我意识到了问题的严重性。于是我逼着自己去看了一小时的跌打医生。

医生处理之后，我觉得全身轻松，脑子清醒了很多，连走路也轻飘了许多。然后我继续码字、谈合作、带娃。当天神奇的事情就发生了：我思考的速度快了很多，很快就完成了一篇自己满意的文章；跟合作方洽谈也非常顺利，接到了在上海的第一个活动；跟孩子在一起的时候，我更有耐心，亲子时间是“高质量时间”，而不是坐在娃旁边想着他们怎么还不午睡……

在这个例子里面，对于我来说，看跌打对于我的“每日要完成的目标”表面上并没有直接的帮助，但是当我优先做了这件事情之后，做所有其他的事情都更加有效率。到了晚上，我甚至9点就完成了全天的工作（之前我都要熬到11点），还有时间跟先生一起追个剧。

一小时的“什么也不做”，反而让我增加了精力，提高了单位产出，一天省出了三小时的时间！因为放松而“浪费”的时间，反而是在有效产出时间。

学会拒绝：用极简法进行精力管理，跟那些不重要、不紧急的事情说不。

当我们什么都想做的时候，结果往往可能是什么都没做好。

就好像第一章里讲到的，我很鼓励大家参加社区、俱乐部活动，但是建议大家同一时间不要参与超过三个俱乐部。这个的确不是那么容易做到的，因为一个上进的人，一定希望在很多方面都提高自己、多结识不同层面的朋友。

但我们必须接受一个人的时间和精力是有限的事实。每个人都要根据自己的体力、脑力情况，来合理安排精力分配，优先最重要的事情，跟没那么重要的事情说“再见”，有“舍”才有“得”。

3. 身体是革命的本钱

体能是身体最基本的精力源。

当代社会，似乎很多人都患上了“慢性疲劳综合征”：你是否觉得总是不能集中精神？特别嗜睡，但无论睡多少，第二天依旧觉得全身乏力？容易暴躁，特别焦虑？做事情效率越来越低？

我们的精力似乎正在被越来越快的生活节奏吞噬。

如何能够掌控自己的精力，做生活的主人呢？

（1）体力

我的一个男同事，最近刚荣升爸爸。做过新手爸爸的都知道，婴儿晚上每隔三小时就醒来一次，要喂奶换尿片。等宝宝睡着了，你却睡不着了；而你刚要睡着的时候，宝宝又准备要吃奶了……但他依然能够每天准时上班，工作绩效跟以前相比完全没有下降。

本以为晚上是他太太带娃，但发现他是新时代好奶爸，他说白天太太已经很辛苦了，晚上娃由他负责！我问他："你保持旺盛精力的秘诀是什么？"他说："我每天必须去健身房，就算不够睡也要去——不够睡就更应该去，不然真的扛不住！"

很多人会说，我太忙了，根本没有时间去做运动。但运动就是那个让我们事半功倍的事情。就算再忙，我也强烈建议大家保持一周至少两次半小时的运动。做运动能将更多的血液和氧气输送到大脑，帮助修复脑部细胞，保持我们精力的旺盛。

（2）脑力

保证充足的睡眠。我不建议熬夜，但如果熬夜不可避免，尽量第二天中午让自己打一个小盹儿。

正确的姿势也很重要。比如一个人习惯了驼背，久而久之脖子和脊柱就会出现弯曲，导致脑部供血不足，容易出现没有精神、记忆力衰退的现象。

大脑跟身体一样，要系统地加以锻炼，并注意劳逸结合，保持充分休息。研究表明，人的大脑，在放松中思考反而更容易有创造力。我们可以给自己泡个热水澡，到户外散步，晒晒太阳，听听鸟语，闻闻花香。

欧阳修曾说："余平生所做文章，多在三上，乃马上、枕上、厕上也。"就是这个道理。

（3）情绪

前一章我们已经详细分享过情绪的管理。让自己处于积极的情绪中，可以帮助我们不分心。同时，我们要转换思维，打开心扉去享受自己做的事情，保持积极的心态，减少内耗成本。

再次以我为例子。搬到新的城市一切从头开始，这不是我的舒适区，我觉得很抵触很烦躁，我可能联系工人帮家里装个净化器就已经觉得很累了。

但如果我意识到，我其实在为我的家人和孩子做一件很有意义的事情——让他们更快地适应在上海的生活，让孩子们的成长跟随祖国的崛起，见证东方明珠的闪亮，见证一个时代的崛起，我内心就有了一股力量，让我每天都充满精力，并觉得乐在其中。

当赋予一件事情意义的时候，再累也不觉得辛苦。

4. 专注力

现代人的时间都被碎片化了。但想要保持专注力，建议大家还是尽量用一整块时间处理问题。比如每天早上起来后，我会利用吃早餐前的5分钟快速查看微信、邮件，能够立即回复的就回复，需要时间处理的就标记下来，之后再用一整块时间来处理。

在写文章或者带宝宝的时候，我一定会把手机放在一边，调到静音模式。

跟客户或者合作方开会的时候，我更不会看手机，这是我集中精力的关键，更是对对方的尊重。

当然，研究表明，人精力的输出不是线性持续的，而是脉冲短跑式的。你的精力可以聚焦，但不会持续太长时间，一般是四十五分钟。

所以每当持续四十五分钟的整段时间工作后，我就会调节一下。再紧张的生活，也要注意劳逸结合。

在此介绍几个我常用的调节方法：

- 喝温开水。
- 喝杯黑咖啡。
- 吃黑巧克力。
- 吃薄荷味口香糖，尤其是清凉的那种特别醒脑。
- 出门吹个冷风，呼吸新鲜空气。
- 使用喷雾，我自己很喜欢带有柠檬味的喷雾。午饭后开始工作前，先在脸上喷一下，保湿又醒神。

每天一定要给我们自己沉淀的时间。如果一直都很紧张很焦虑，紧绷的弦迟早有断的一天。

学习调节精力，适当地休息，保持平衡，多给自己身体这个最宝贵的“电池”充电，重新把握生活的节奏。

5. 外包你的时间

摩根大通副主席阿方索·杰克逊有一句名言：“在做某件事上，如果别人可以做得比你好，那就应该交给他们去做。”

外包是企业为了降低成本，发展核心业务，把一些边缘业务交给其他公司办的做法。公司可以找外包，个人也可以。我身边的很多朋友，在生了宝宝后选择做职场妈妈。我一直都强调，职场妈妈对孩子的爱，一点儿也不比全职妈妈少。这是妈妈们结合自身和家庭情况做出的个人选择。

在我询问职场妈妈朋友的决策过程时，她们很多都说了这样一句话：“我很爱我的孩子，但自认为天生不是带娃的料，带娃对我来说是非常费力的事情；但是投行的工作我在行，我就是喜欢跟数字打交道。那么，我为什么不外包我不擅长的事情，请阿姨来带娃，而我自己去做那些我更擅长的事情，创造更多的价值呢？与其让我成天在家漫不经心地对着娃，不如让我上班，回家更珍惜跟娃在一起的时间。做到高质量的陪伴，于我于家人都是更好的选择。”

外包的本质，就是时间成本和相对优势的应用。

又比如，自己处理起来比较费时费力的事情，交给专业的公司去做。你家的马桶堵塞了，与其自己费尽力气都疏通不了，不如打电话让专业人士来帮忙。

外包可以把我们从零碎琐事中解放出来，合理分配资源，把精力花在自己更加擅长的地方，实现多赢。

不要忘记在外包过程中，保持和谐的人际关系，让人际关系促进精力再生。

有人说，人与人之间的差距在10年前某个早晨6点就拉开了，今天的精力用在哪里明天的成绩就出在哪里。

要想保持生命的跃动，我们必须学会如何更好地消耗和更新精力。

管理好你的精力，提高生活的掌控力，做生活的主人。

我的日程表

都说榜样的力量是伟大的。

我的微信公众号苏珊V就专门设置了《人物专访》栏目。我希望通过采访身边优秀的人物，给各位读者甚至我自己一些借鉴和启发。

我采访的人物，大多是在职场或创业的道路上非常成功的女性，很多还是家庭与事业兼顾的伟大妈妈。有趣的是，即使她们是我的朋友、前同事、同学，我在采访她们的过程中，还是会学习到新的东西，经常让我对她们再次刮目相看。虽然每个人的成功模式都各不相同，但细心的读者肯定发现了，在每一期的采访中，我总有同一个问题出现：

“可以跟我们分享一下你的每日时间表吗？”我总是很好奇，不同行业、不同领域的佼佼者们，他们的日程表是怎样的。

不过，最近我发现了我的“榜样”——不是别人，正是小学时代的自己！

大家是否记得，我们在上小学的时候，都有一个“作息表”，上面不仅有一周每天上的课，还有我们起床、吃饭、休息的时间。对我来说，小学生的作息表之所以那么“有效率有规律”，有以下几个原因：

1. 写下来

都说“好记性不如烂笔头”。作息时间表，是具体标明各项日常活动开展的时间表，是每个人执行日常工作的时间标准。

小学时候的作息表，我们一般都用笔画出来，贴在书桌上，或家里的写字台上。这样一目了然，一清二楚。每天一抬头就能看见，也起到了一个时刻警醒自己的作用。

2. 每日目标明确

每天上哪些课、哪个时间段上课都已经规划好。记得小学的时候，我每天晚上都会看一眼第二天的课程表，拿出该课程的书本和练习题，提前做好预习，第二天上课的时候有针对性地带着问题去听老师的重点。

对于我们成人也是一样的。如果我们每天晚上都可以“预习”第二天要做的事情，给自己定好小目标，规划好什么时间做什么事情，那么我们第二天的工作就会有条不紊，也会很有针对性地去达成当日的小目标。

3. 劳逸结合

大家是否还记得我们做的课间操和眼保健操？班里总会有女生不做课间操，也会有调皮的男生在做眼保健操的时候睁开眼睛，让学生会给我们班扣分。

回想起来，所有的安排背后都有其道理：

在上一节已经提到，一个人的精力是跳跃短跑式的呈现。每个人的精力一般只能集中四十五分钟。所以小学生的课程表上，每节课都是安排四十分钟，之后就有十分钟的休息。

课间操，每天上午都有一次。

眼保健操上午和下午各一次。

除此之外，每周都有两节体育课和一节音乐课，周五还会有大扫除。

小学生的作息表是劳逸结合、德智体美劳全面发展的典范。对于成为大人的我们，依然有着很强的借鉴意义。

4. 超强的执行力

小学的时候，在家有父母的监督，在学校有老师的监督，执行力自然很强。再加上所有的时间已经规划好，节省了我们去筹划“下一阶段要做什么事情”的内耗精力。

作为成人，我们身边少了老师和家长的督促，证明我们应当具备自我监督的能力。提前制定好日程表，每天督促自己按照计划来执行。都说“知行合一”，如果不能被付诸实施的话，再周密的计划也是纸上谈兵。

5. 不让杂音干扰自己

日本有统计数据指出：“人们一般每8分钟会受到1次打扰，每小时大约7次，或者说每天50—60次。平均每次打扰大约是5分钟，总共每天大约4小时，也就是约50%的工作时间（按每日工作8小时计），但其中80%（约3小时）的打扰是没有意义或者极少有价值的。同时，人被打扰后重拾起原来的思路平均需要3分钟，总共每天大约就是2.5小时。根据以上的统计数据，每天因打扰而产生的时间损失约为5.5小时，按8小时工作制算，这占了工作时间的68.7%。”

成人的世界多了众多干扰因素，嘈杂声、电子产品、各种App、杂志、零食、压力等都是影响因素。我们应当向小学生学习，把一整段时间的注意力用在一件事情上面，同一类的事情最好一次把它做完。比如我今天安排了会议，那我就尽量把一周的会议都放在同一天完成。专注做一件事情时，你会熟能生巧，效率也会提高。

借鉴了小学生的每日作息表之后，我也制定出了自己的每日作息表，分享给大家，做个参考：

7:00　闹钟响起，不赖床。

7:05　喝一大杯温水。

7:05—7:15　冥想。

7:20　喝咖啡，然后叫醒孩子，给孩子一个大大的吻和拥抱。

7:20—8:00　协助孩子吃早餐，换衣服。

8:00　送先生上班和孩子上学。

路上用手机看昨晚和当日新闻，回复可以立即处理的信息、邮件。而需要长时间处理的项目我会先标记下来。

8:30　回到家，先去健身房跑步10分钟，举铁10分钟，然后拉伸10分钟。

我锻炼的时候喜欢什么电视也不看。这是跟以前的老板学习的，他说每天中午去健身房跑步，是他每天唯一可以让大脑放空的时间，“放空了，才能重启”。

9:00—9:15　沐浴，换衣服。

9:15—9:30　吃正式早餐，我一般在三种早餐之间切换：

（1）煎鸡蛋+燕麦粥+香蕉；

（2）牛油果吐司+牛奶；

（3）全麦面包+鲜榨水果（我最喜欢香蕉+黄瓜+火龙果）。

9:30—10:00　处理信息和回复邮件：将在车上来不及回复的项目，用一整块时间进行处理。

10:00—11:30　处理“世界女企业家协会”的事项，电话会议、见合作伙伴、筹备工作一般都安排在这个时段。而中间每隔30～40分钟，我都会有一个休整时间，喝点水，做做拉伸动作，甚至“重操旧业”做眼保健操。

11:30—13:30　午餐。

如果在家，我会做比较简单的午饭。虽然简单，却要营养健康，两素一荤就可以了；如果是在外的商务用餐，我也会尽量控制在1.5小时之内。

13:30—14:00　小憩半小时，尤其是夏天。就算睡不着，放空一下，或者冥想也可以。

14:00—17:00　写作，或是出席活动。活动我尽量都安排在下午这段时间，但有的在晚上，我会根据实际情况调节。

同样的，中间每隔30～40分钟，我都会有一个休整时间，吃点儿水果，做做拉伸动作。

17:00　接孩子放学。

17:30—18:00　给孩子洗澡，吃吃零食，跟孩子聊聊在学校有什么趣事，今天又学到了什么新的东西。

18:00—19:00　晚餐时间。很庆幸，我们双方的爸爸妈妈都会轮流来家里做饭，为我分担了很多家务活。感谢父母在年轻的时候为我们操劳，现在还在为我们的子女而辛勤地劳作。家有老人真的是宝。

19:00—20:00　跟孩子看看动画片，读读绘本。因为孩子还小，暂时还没有功课，我就用这个时间跟孩子一起放松一下。这应该是我们每天最开心的时刻之一了。我很珍惜和享受亲子的时光。

20:00—20:30　哄孩子睡觉。

20:30—21:30　孩子睡觉之后，我会先自己沐浴、护肤，然后就跟爸爸妈妈和先生一起，在客厅聊天。跟家人在一起的时光我总是特别珍惜。我还会用这个时间上网买好第二天的菜。当代科技的发达，让我们足不出户也可以吃到新鲜的有机产品。

21:30—22:30　每天这个时候都是我跟先生的“约会之夜”，我们一起追追剧，或者一起看书聊天，或者互相倾诉一下工作和生活上的问题。我一直认为，夫妻关系是家庭生活的核心。

22:30—23:00　从一天的忙碌中沉淀下来，看看书，把第二天要做的事情和“小目标”在脑海里过一下。我还会将第二天要穿的衣服拿出来，放在衣帽间的台子上，这个方法为我在清晨头脑还不太清醒的时候节省了不少时间和精力。

我经常跟先生打趣说：“我现在是一个‘自由职业者’。”虽然生孩子让我和投行的工作中断了，但我一刻也没有闲着：

我悉心经营着我珍爱的自媒体公众号——苏珊V；

我是“世界女企业家协会”的上海区总监；

我自己投资了几个小的项目，是公司的市场策划主管；

我每周都会出席2～3次的活动，有时候也要去摄影棚录制节目；

我参加了三个社区，经常需要筹划活动，做导师或慈善志愿者；

如果有闲余的时间，我还会积极参加社区的义工活动。

很多人问我，做了妈妈之后，怎么可能还有时间做那么多的事情？

我的答案是，学习小学生，制定你的每日时间表，并将其打印出来，贴在工作间的墙上，每天早晚都看一眼，督促自己严格执行。

第六章

Chapter 6

“身、心、灵”的修炼

保养你的身体

维密天使米兰达·可儿在接受某著名时尚杂志采访的时候，拍摄了一段关于“身、心、灵”的视频，记录了她一天的行程，以及她如何在繁忙的工作和带娃之余，对自己由内而外进行“保养”的。

一开始我对她无感，毕竟在维密走秀的高颜值名模实在太多了。

后来关注到她，是她创立了自己的有机护肤品牌，然后慢慢了解到她的生活方式和生活态度。维密模特虽多，但能够如此聪明地将名气迅速转换为生意、创建自己品牌的并不多，更不用说她是全球最年轻的亿万富翁，现在还是三个孩子的妈妈。

除了使用有机产品和有机食品之外，可儿非常推崇自然健康的生活方式。

身体是我们每个人生命的载体，需要我们悉心呵护。

曾经有一个做公关的朋友告诉我，做了那么多年的公关，看到各种大的品牌每季推出新的系列，或者是小众品牌更迭换代。说实话，这么多牌子，无论价格如何，里面的成分都是大同小异的。

大家不要有太高的期望，没有任何品牌能够打包票说，今天你用了我的产品，明天皱纹就通通消失了，或者斑就不见了。如果真的有这样的效果，反而更可怕——你需要立刻检查该产品的成分。

保养自己的皮肤和身体，不是靠买高档护肤品就可以解决的，而是要从日常的行为习惯做起。我身边的“女神”朋友们都很注重生活细节，在日常生活中用自然的方法为自己的身体和皮肤做护理。

这一节从身体出发，跟大家分享我总结出来的几个自然而有效的身体和皮肤保养方法：

1. 补充温水

水是生命的源泉。水有助于身体循环，一大早空腹时喝水，能帮你冲掉身体一整晚所排出的毒素，开启全新的一天。大家都知道多喝水会给身体带来许多好处。但你知道吗，水的温度，亦扮演着重要的角色！

每天早上起来空腹喝一大杯温水，这个习惯我已经坚持二十年了。温水有助于人体新陈代谢，并能修复受损的皮肤细胞，提高皮肤弹性。

新闻表明，近年香港人均寿命不断提高，2016年香港平均寿命连续第二年居世界第一，男女平均寿命分别为81.32岁及87.34岁，女性寿命更首次超越日本，成为“双料冠军”。

媒体总结出香港人养生第一点，就是饮用常温、暖饮品。据日本的《周刊新潮》报道，香港人为了预防着凉，惯饮温水，出门人手一只保温杯，甚至喝常温的啤酒，平时更会喝“可乐煲姜”，预防生病。

2. 护肤

皮肤是我们人体最大的器官。从中医的角度说，如果一个人的身体出现任何问题，比如有肝火、湿热，第一个表现出来的就是皮肤。

如今我们的世界充斥着网红达人种草，一不小心就迷失在各种品牌的护肤品、化妆品所谓的“神奇功效”上。最好的保养方法，其实是最自然的方法，而不是使劲地在脸上抹一层又一层充斥着防腐剂的护肤品、化妆品。

1）早上不用洗面奶

早上洗脸我不用洗面奶，而是直接用清水洗脸！

皮肤有自动防护，修复能力，会形成天然保护层。尤其是油性皮肤，如果清洁过度，会造成油脂分泌更加旺盛。据说小S自爆的护肤秘诀就是，不出门的前提下，早上绝对不会洗脸。

2）防晒

防晒不仅仅是为了保持皮肤白那么简单。阳光中的紫外线UVA不仅会令皮肤变黑，还会起斑、老化、产生皱纹，而UVB则会令皮肤晒伤、红肿、脱皮。所以阳光可以说是皮肤变差的“头号杀手”。

如此防晒也就尤为重要了。这是我很后悔年轻的时候没有注意的事情。大学毕业那会儿在美国工作，流行小麦色皮肤，一到放假就去海滩美黑，经常什么也不擦在阳光下暴晒两小时。虽然觉得美了黑了，但随着岁月的流逝，斑点、皱纹也都一起浮现了。

因此，大家的防晒步骤一定要做起来：

防晒步骤一：太阳镜。

防晒步骤二：遮阳帽。

防晒步骤三：擦防晒霜，哪怕在室内或阴天。

3）护肤品零添加

我会选择有机成分的护肤品，一定要零添加，产品必须提供最优质的认证有机配方。如果产品的香味很大，我是绝对不会购买的。

4）每周清洁化妆的刷子

很多时候，你以上几点都做到了，为什么皮肤状态还是不佳，还是经常有痘痘、黑头呢？

这时候就要问问自己：我清洁了化妆的刷子了吗？

试想，不管你的护肤品、化妆品多好，但如果刷子等工具是脏的，你的脸也是脏的。刷子是特别容易滋生细菌的地方，我们一定要记得定期清洗！

3. 保持身体的血液循环畅通

一个血液循环不良的人，气色当然不好。每天早上我起床就会做简单的拉伸动作，目的就是让身体恢复血液循环。

脸部也是一样的——脸部血液循环不良，就会导致脸色发黄或者发白。长期血液不循环，就是各种皮肤症状的始作俑者：长斑、皱纹、衰老、失去弹性等。要想要脸部或者身体的任何一个地方保持年轻的状态，根本的是要解决血液循环的问题。

在此，跟大家分享两个我个人使用的非常便宜的促进血液循环的方法：

1）冷热水交替洗脸

我第一次得知这个方法的时候，应该是十年前的杂志对香港TWINS组合中阿SA蔡卓妍的采访。蔡卓妍是出名的逆龄女神，现在都是奔四的人了，依然跟十几岁出道的时候没两样，甚至更美！

当时她接受采访，谈到如何保养皮肤，她说："我的方法很简单，就是每天晚上睡觉前，用冷水和热水交替洗脸。不管通告到多晚，我都会坚持这个习惯。"

具体方法是：

先清洁脸部。

然后打好一盆温水和一盆常温水。

然后盆子里各放一块毛巾。

用湿毛巾交替敷脸。每一次大概敷五秒。

每次洗脸交替十次（也就是先热水，再冷水，再到热水，再到冷水这样的循环）。

大概到第三次的时候，你就可以感觉到脸发热了。

这就证明，你的血液循环开始了！

阿SA的方法我是服气的，从她接受采访到现在，又过去了十年。我有一次在活动上见过她本人没化妆的样子，真的皮肤非常好，满脸的胶原蛋白，依然青春无敌。

2）刮痧

郑秀文曾经在社交媒体秀出她背部刮痧的"惊悚"照片——后颈背部都泛成紫红色，并写下"积劳之下，只要刮，不要怕"。

刮痧到底是什么？简单来说，"痧"就是体内气血瘀滞、阻塞，借助刮痧可以排毒，去除瘀滞，促进组织周围的血液循环，从而起到"活血化瘀""祛瘀生新"的作用。

除了生病劳损时减轻痛苦，其实刮痧还有一个用处，就是紧致脸部线条，瘦脸美容。

刮痧板真的是一个神奇的平价武器，一百块以内的价格，就可以帮助我们实现脸部和身体的血液循环。我每天晚上睡觉前，或者当天有通告的早上，都会自己在家里做简易的刮痧，可以让脸更紧更小更上镜。

我的刮痧过程：

先将脸部擦干净，一定要记得蘸上刮痧油或按摩油。否则会适得其反地拉扯皮肤。

确定刮痧部位。我一般刮三个部位：第一个是眼下到太阳穴，第二个是法令纹，第三个是下巴到腮部。做完第三个的时候，我一般都会沿着脖子边缘的淋巴再向下，做一个排毒的动作。

刮痧要顺着一个方向刮，不要来回刮，力量要均匀合适，不要忽轻忽重。

按上述刮痧部位，根据每人承受能力不同，一般每处刮5～10下。

刚刮完会有点红，这也是证明血液循环到位的标志。

我周围很多女神级朋友，都坚持做刮痧的，真的看上去都比实际年龄年轻至少十岁！

4. 食

有句话说："你就是你吃的食物。"

食物是我们身体能量的来源，是维持我们身体机能正常运转的根本。

除了饮食清淡、选择有机的新鲜食材之外，我们还要注意以下三点：

（1）戒糖

如果大家关注健康趋势的话，一定对"戒糖"的概念不陌生。

"戒糖"的概念一出来，很多人都惊呼，难怪我皮肤不好！难怪我变老了！很有可能大部分原因是我平时摄入了过量的糖分！

张韶涵的微博中有一篇关于她冻龄秘密的分享。她说糖正是"摧毁我们女孩子身材和皮肤的一大杀手"，所以她决定要"戒糖"。

另外在澳大利亚有一位七十岁的老太太，她已经戒糖二十八年，外表却依旧很年轻，因为戒了糖的皮肤氧化得比同龄人都要慢。

"戒糖"中的糖，指代所有精加工碳水化合物。包括了奶茶、奶油、糖果、炼乳、辣条，甚至是米饭、白面包、含糖量高的水果蔬菜等食物。

长时间大量食用糖分，人会出现营养缺乏、肥胖、高血压、冠心病，还会让皮肤加速氧化变老、变暗沉，削弱皮肤的修复和再生功能，令皮肤过早地出现皱纹和下垂。

关于戒糖，我们可以参照张韶涵的做法：

① 不喝有糖的饮料（奶茶、罐装饮料）；

② 不吃甜点（蛋糕、甜甜圈、马卡龙、冰激凌通通不吃）；

③ 少吃特别甜的水果和酸奶。

很多女生都喜欢糖，说：“哎哟，我就是戒不掉怎么办？”

如果你戒不掉，只能证明你想要变美的决心还不够强。自律是做任何事成功的关键。

（2）少吃多餐

在第一章提到过，我曾经跟随香港小姐的慈善组织“慧妍雅集”去探访长者社区。

当天探访长者社区，我们看到很多孤寡老人，他们生活并不富裕，但很多都很长寿。

其中一位已经一百零三岁的老奶奶，虽然年事已高，但说话、走路都没有问题，脸上虽然有皱纹，但皮肤状态依然很好。我们到场的所有香港小姐（包括赵雅芝），都围着她问长寿的秘诀是什么。

她回答说：“我每天要吃五餐饭，但每餐都少吃，只吃一些粥、饭、鱼和水果等食物。”

养成良好的饮食习惯，少吃多餐，不给自己的胃和其他器官增加负担，不需要花重金购买燕窝花胶，也可以让自己健康长寿。

3）益生菌

每天早餐前，我会吃一片益生菌调理肠胃。

我的营养师告诉我，现在很多人体的健康问题，都是因为小肠发炎。研究表示，人类肠内的细菌，随着一个人年龄增加，会渐渐减少益生菌，增加坏细菌。而日常饮食上偏食，或是压力、过劳、使用含抗生素的药等，都会促使坏细菌进一步增殖，导致罹患慢性病的风险提高。

益生菌可以帮助维持肠道平衡，帮助消化，产生微量的元素，如维生素B和维生素K。我的孩子也每天在吃适合他们各自年龄的益生菌。

不过要提醒大家的是，益生菌不是药，不能治病，它只是调整体质，改善症状。

5. 运动和睡眠

至于运动和良好的睡眠，道理和方法大家都懂，在这里就不赘述了。

如果真的很忙，没有时间去健身房，我会建议大家在家里做这两个基本动作：平板支撑和深蹲。平板支撑我会做一分钟，每次做两组；深蹲二十个一组，也是每次做两组。全部做完不到五分钟。

再忙也要保证睡眠。好的睡眠是抗衰老的重要基础，也是我们保持皮肤良好状态的重要环节。熬夜对肝和身体的伤害特别大。我自己只要一熬夜，第二天做一切事情都效率低下，真的是得不偿失。所以再次提醒大家，一定要在11点乖乖上床！

同时，我会选择丝质的枕套和眼罩，床上用品也注意定期更换。

养生并不是有钱人的专利。不管你每天多忙，请一定要抽出时间给自己，做到多喝温水，自然护肤，搭配食疗，促进血液循环，少吃多餐等养生方法，好好爱护和保养自己的身体和皮肤。

滋润你的内心

前段时间中学同学十五周年聚会，很多人说，回想起来，最幸福的时光就是中学的时候。那时候不用担心房贷，不用上班看人脸色，没有那么大的压力，生活很单纯，爱情很美好。大家都在感叹，成人的世界好复杂好艰难。

但是，中学时候的压力就不大了吗？我到现在都经常梦到高考，每次都紧张出一身汗，醒来的时候暗自庆幸十多年前考出了一个好成绩。

我们似乎很容易陷入一个怪圈，总觉得曾经的就是好的，错过的就是好的，或者别人的就是好的。会不会十五年后，我们回头看今天的生活，也会觉得上有父母、下有子女的生活很幸福呢？那么，为什么要花这么多时间去怀念过去、羡慕他人？为什么不好好地活在当下，享受生命的这一刻呢？

幸福是一种感觉。让自己幸福，也是一种能力。与其费尽心思研究，到底怎样才是幸福的人生，不如花时间在如何让自己现在就感到幸福上！

1. 接纳自我

印度著名哲学家吉杜·克里希那穆提曾说：“你的父母、师长时常告诉你要得到某种成就，要像你的叔叔或祖父一样成功。但教育的意义是要帮助你从孩提时代开始就不要去模仿任何人，永远都做你自己。”

这句话真是醍醐灌顶。

我们从小就被灌输“别人家的小孩儿”怎样怎样，似乎别人永远都是完美的，自己永远都是不完美的。小学的时候，即使我每次考试都是全班前三名，也会被大人拿去跟一个长我五岁的邻居哥哥比较——因为他在家饲养鸽子，还写了一篇作文，在学校拿了奖。

当然，我一直都相信“偶像”的强大力量。适当地比较学习，是进步的动力。但很多时候我们容易过了这个“度”——在欣赏和学习他人的同时，我们是不是一定要用别人的优点来苛责自己？

我的一个朋友是心理医生，诊所在香港中环，有差不多一半的客户都是非富即贵人士。从世俗的眼光看，这些人名利双收，什么也不缺，照道理应该很快乐啊！但实际上，内心的丰盈，不是靠你拥有多少物质的东西可以达到的。

我朋友说，一次她看到新闻，她的一个客户（她没有透露名字）在山顶买房子还上了报纸。结果第二天这个客户就打电话给她预约做心理治疗——原因是，他被爸爸斥责为什么没有拿到更好的价格。

我们经常在新闻中看到所谓的“名人明星”得抑郁症甚至轻生，让人叹息。

在生活的道路中，我们总是将注意力放在别人身上，绞尽脑汁想要得到别人的肯定，为别人对自己的评价或悲或喜，想要在竞争中获胜。但我们却忽略了一个最需要我们注意的人——我们自己。

一位心理学家曾说：“人类是缺点收藏家。”我们总能发现一堆自己的缺点，却好像看不到自己的长处。我们学会了对外竞争，同时也要学会对内接纳自己。

自我接纳包括接受自我形象、情感、能力、性格、价值观，以及接受身边的人和适应自己所处的环境。接受自己的容貌，客观正视自己的局限性，允许自己犯错误，同时用建设性的方法对待自己的缺点和错误；在犯错后做出补偿，从中吸取教训，而不是不断地责备自己。

我追求美丽，但不因为鼻头有点大而去整形医院。

我追求自律，但不会因为晚了三十分钟睡觉而陷入焦虑。

正视并接受这一刻我所拥有的一切，停止与自己对立。为自己的每一个小成就庆祝，接纳自己的不完美，也接受这个世界没有完美的人。

2. 拥抱是最好的治愈

生活中，很多至关重要的东西都是免费的。比如空气、水、爱人的拥抱。每天早上起床后，我们家的指定动作一定是大人小孩儿互相说“早上好”，然后我会给他们每人一个大大的拥抱！

科学研究表明，拥抱的行为可以刺激副交感神经，增加多巴胺和血清素的分泌，增强我们的免疫系统，还可以通过释放缓解焦虑的后叶催产素来降低压力水平，帮助我们感受到更多的愉悦。市场上很多抗抑郁药都是以增加血清素含量为主的。其实有更简单而自然的方式，就是——拥抱。

拥抱不需要医生开处方，也没有任何副作用。心理学家Virginia Satir曾经说过：“我们每天需要四个拥抱来生存，八个拥抱来维持，十二个拥抱来成长。”

不要吝啬你的拥抱，也不要羞于索取拥抱。

3. 冥想

冥想是瑜伽的一项技法，能够帮助我们告别负面情绪，重新掌控生活。

我每天会做简单的冥想，感恩我所拥有的一切，让幸福感充满身体和心灵。维密天使可儿应该是冥想达人了，她说每天早上和晚上都会各自冥想二十分钟，甚至在拍摄、走秀的间隙，她也会随时随地做冥想。

我在冥想的时候会注意调整呼吸，想象自己是一杯水，里面因为生活的压力而充斥了很多沙粒。现在我想要净化这杯水，让水和沙粒分离，就必须先让水静置一段时间，否则沙子和水就永远混在一起。

我们每个人都是这样，每天我们都要给自己这杯水“沉淀”的时间，让心中这些烦躁、焦虑的“沙子”，跟我们的心灵分开。

净化了我们的心灵，才能重新再出发。

4. 微笑

你每天都会微笑吗？

对自己微笑，可以提升我们的自信心，增强幸福感。大家都说，微笑是一个人最好的天然化妆品。

对他人微笑，使别人感到温暖——你对我一个微笑，我也还你一个微笑，生活就在不经意之间变得美好。

科学证明，微笑能兴奋副交感神经，使肾上腺素水平降低；在缓解疲劳的同时，还能促进人体新陈代谢，降低血压。

卡耐基说："笑，是人类的特权。"让我们无时无刻都行使这个我们人类特有的权利吧。

5. 接触大自然

现代人的生活越来越依赖科技，但我们不要忘记了大自然神奇的治愈能力。

科学研究表明，大自然里空气的温度和湿度能活跃人体组织代谢，提高内脏器官功能，缓解抑郁，降低血压，增强免疫力。

在清晨的阳光中到江边走走。周末到郊区的森林公园，呼吸清新的空气，听听鸟儿的叫声。找个假期，去海边吹吹海风。甚至在冥想的时候，用手机播放大自然的声音，立刻可以感受到满满的幸福感。

在文章《大自然的治愈力量》里，说了这样一个故事：地理学家彼得·韦恩曾经带领一些人去科罗拉多大峡谷探险，并把这作为一种治疗方法。队伍里有个负伤的退伍女兵，在医院治疗三年都没治好，原本是带着自杀念头来参加活动的，没想到在亲近大自然的这段体验过程中，她打消了自杀的念头，重燃对生活的热情，回到家后不仅能够正常地生活，还积极探索人生的可能。

每年我一定会回桂林。尤其是金秋十月，一下飞机，就闻到空气中弥漫的桂花香味。漓江、象鼻山、芦笛岩、阳朔，每去一次都是心灵的洗礼。桂林的奇山秀水、美丽景色，甚至大自然里面各种各样的声音，都帮助我从高压的状态当中恢复过来，沉浸在鸟语花香的幸福中。

每次从桂林回到大城市，都觉得自己满血复活。

6. 积极的心态

大学时我在书店里看到这样一本书，字数不多，每一页都是不同的明亮颜色，上面写着不同的励志句子。

那段时间我正值大三，忙着找实习单位，处于人生的十字路口，压力颇大。于是我买了这本书，每天早上随机翻开一页，然后对着镜子大声读出上面的那句话，接着跟自己说："今天我就要用这句话来鼓励自己做得更好，让自己更快乐。"

我的一个演艺圈朋友也跟我分享过，在曾经被"雪藏"的一段艰难日子里，她告诉自己要保持积极的心态，每天都要对自己表达"爱"——她每天早上都直视镜子里的自己，大声说："我爱我自己，我爱我所有的优点和缺点，我允许今天的自己更快乐！"

面对困难的时候，我们可以转换自己的心态：

- "我失败了，我让自己出丑了。"

  "我很为自己骄傲，因为明知道胜算不大的情况下，我依然选择尝试！"

- "我没有可能完成这项工作。"

  "感谢生活给我这个挑战，我会努力做到我能做到的最好！"

- "我做了一件错事。"

  "我会吸取这次的教训，下次我就不会再做错了！"

就好像华盛顿说的，"一切的和谐与平衡，健康与健美，成功与幸福，都是由乐观与希望的向上心理产生与造成的"。

7. 多关心自己的家人

我从小就是个乖巧听话的孩子，也没有特别明显的"叛逆期"。

我很小就去了寄宿学校，很多事情都是自己做决定；我也很早实现了经济独立，大三找到实习单位后就没有向家里要过一分钱。

然而直到今天，我都喜欢请教父母和家人的意见。这并不是向父母示弱，更不是"啃老"；正好相反，我认为这是关心家人的表现。向父母和家人请教，尊重他们的意见——虽然我们现在长大成人了，他们依然是我们生活中的重要部分。

我特别喜欢我们家的“开会时光”：每天晚饭后，聊聊国际新闻，探讨一下工作和生活的问题，回想一下童年时光，或是父母当年的风华正茂，研究如何教育下一代……你会惊奇地发现，父母虽然不像我们一样会玩智能手机、区块链，但他们依然能够给我们很多非常中肯的意见！

三人行必有我师，更何况是我们的父母！他们是世界上最了解我们的人之一，也是最爱我们的人之一。每次父母为我解答一个生活中的小问题，我总是打趣说：“姜还是老的辣！”

每次听完，爸爸妈妈都会哈哈大笑。

我希望我是个风筝，无论飞多远，都连着父母手中紧握的线。

8. 香薰和精油治愈功能

生理学家说：“气味、情绪和记忆都是由同一个器官处理的——大脑的边缘系统。嗅觉引起的记忆才能产生那么不寻常的强烈情感。”

香薰和精油能够帮助我们舒缓急躁、受挫等情绪，平和都市人的心情。

我自己最喜欢的三种味道是：

- 玫瑰：具有抗皱、保湿，补充雌性激素，调节内分泌的功能。
- 薰衣草：能够消炎杀菌，促进肌肤再生，舒缓神经，改善睡眠质量。
- 柠檬：我很喜欢柠檬的清新味道，可以帮助身体排毒，净化肝脏，缓解头疼，提振精神。

9. 音乐

我在怀老二的时候，很不走运地得了水痘。得过水痘的大家都知道那种奇痒无比的难受，更不用说我正处于孕期，荷尔蒙加上对胎儿的担忧，再加上身体上的煎熬，让我的心情简直跌到了低谷。

在隔离的那一个星期，我跟自己说，与其抱怨为什么自己那么倒霉，不如转移注意力，打起精神跟水痘做斗争；为了自己，为了肚子里的宝宝，一定要战胜它！

于是我下载了中学时期最喜欢听的歌曲，包括张惠妹、周杰伦、王力宏的，一首一首地播放。然后神奇的事情发生了，美好的音乐让我整个人舒缓了很多，虽然还是全身奇痒，但我感觉到自己不再那么暴躁，甚至跟着音乐跳跳舞，跟肚子里的宝宝唱歌，整个人都开心了很多。

音乐有治愈人的力量，可以使人忘掉烦恼和悲伤。甚至在医学上，音乐也被当作临床治疗的手段来使用——有一门专业就叫作音乐治疗，运用一切与音乐有关的活动形式，如听、唱、器乐演奏、舞蹈等活动作为治疗方式，通过专业音乐治疗师的引导，帮助患者恢复健康。

尼采说："如果没有音乐，生活就是一个错误。"

忙碌的生活，各种狗血和危机感的制造，时常让我们忘记我们自己有多重要。

我们每一个人都是独一无二的。永远不要忽视了自己，永远都不要停止爱自己。

"幸福快乐这样的事要说服的从来不是别人，而是自己。如果连自己都不相信自己会幸福会快乐，那就真的不会幸福不会快乐了。"当你接纳了自己，内心得到滋润之后，你会深深体味到那一种"闲看庭前花开花落"的宠辱不惊的宁静，和"漫随天外云卷云舒"的悠闲。

其实天很蓝，就是多了点儿云。

丰富你的灵魂

2019年5月，华裔明星刘玉玲带着儿子，在好莱坞星光大道上留下了属于自己的一颗星。她成为第四个在星光大道留星的华裔明星。距离上一次成龙留星，已经有十七年了。

很多人觉得刘玉玲代表了东西方审美的不同。如果以日韩审美的瓜子脸、大眼睛、白皮肤的标准，刘玉玲绝对算不上好看。在亚洲，很多女明星都要保持“童颜”，似乎我们眼角有了皱纹，腰稍微粗了一点儿，就会被世界抛弃了。在西方，人们似乎对“年长”的女人更加青睐——“年长”的女人有故事，有阅历，有丰富的人生，有“有趣”的灵魂。

我是一个非常传统的中国人，即使看着国外的月亮的时候，也坚定地认为我们中华文化和价值是最值得学习和传承的。不过，在接触西方文化的过程中，我比较认同他们的一点，是对“女性魅力”的不同定义。

后来，我发现其实这跟年龄没有绝对的关系——任何一个拥有独立思想和丰富灵魂的人，他们都会觉得是有魅力的。

曾经有新闻报道，英版《神探夏洛克》中华生的扮演者马丁·弗里曼在接受采访时，非常藐视美版华生扮演者的刘玉玲，在电视节目里公开说她“丑得跟狗一样”。面对如此低级的人身攻击，刘玉玲并没有表现出任何愤怒和回击，而是好好过自己的人生。

和很多公众人物一样，她热衷公益，自2004年起便在联合国儿童基金会工作，也是全球最大的乳腺癌治疗基金组织的发言人。骑马、射箭、攀岩、制陶、摄影，感兴趣的她都学习了；喜欢画画，就去学习绘画，还开了个人画展。一转身，在社交媒体宣布自己有了宝宝，实现了做母亲的愿望——没有人可以让她过得不快乐。

五十一岁的她凭着自导自演的作品《致命女人》，再次冲上了事业的高峰。

一个拥有丰富生命和灵魂的人，拥有最炽热的生命力。我们如何成为一个灵魂丰富、独立而又有魅力的人呢?

1. 价值观

价值观决定了我们每个人对外部世界和我们自身关系的看法，定义了我们自身存在的价值。

一个人的价值观主要通过三个方面创立：

（1）原生家庭。

（2）社会舆论和媒体导向。

（3）自我成长过程中，通过学习以及与周围人交流过程中创立。

我的心理医生朋友曾说：“所有成年人的问题，都是童年时代的问题。”原生家庭从小的教育奠定了一个人价值观的核心。一个人本质上是要朝哪个方向出发，这个核心一旦建立就很难动摇。

同时，在信息大爆炸的当今社会，我们每天都主动或被动地接收很多信息。

我们也许无法改变我们的童年，也无法改变周围每分每秒发生的新闻，但我们可以在成长过程中，不断改善和修订我们的重心，在开放的社会生活中，通过终身的学习、阅读，扩大社交圈、寻求导师等方式，不断更替自己的枝丫，提高自身的认知，完善追求自己想要的方方面面。

这一更替的过程会持续我们一生。

一个丰盛的灵魂，是在认清现实的残酷后，依旧保持对生活的热爱，依旧朝着正能量方向前进，愿意去感恩和拥抱这个世界美好的一面。

2. 驱动力

在丹尼尔·平克的《驱动力》一书里，提出了人类的三种“驱动力”。

第一种：基本生存需要的生物性驱动。

第二种：外在动力，即我们一般所说的奖罚并存模式。

第三种：内在动力，即一个人发自内心地想把一件事情做好的欲望。

研究表明，第三种驱动力是激励人类进步的根本动力。

心理学家米哈伊·希斯赞特米曾说："目的为生活提供了活性能量……如果一个人感觉不到自己从属于更伟大、更长久的事物，那他就没办法过上真正精彩的生活。"

这让我想到上学的时候，有一次我的同桌考试上了全班前十名。他兴高采烈地宣布："我妈妈说了，如果我能考到全班前十名，就给我买一个最新的CD播放机！"

那时候CD机才开始流行。能够有一个最新款的CD机，简直就成了全班追捧的对象，每个同学都会投来羡慕的眼光。

我回到家，有点酸酸地问妈妈："为什么同桌考好了可以有奖励，而我却一次奖励也没有呢？"妈妈回答："你读书考试并不是为了我，而是为了你自己。你努力学习成绩好，那是你为自己的未来奋斗，而不是为了要父母买一个新的玩具或者CD机！"

我非常清楚记得妈妈的这句话——从那一刻起，我就将第二种"外在"的驱动力，转换成了第三种"内在"的动力。

好好读书，是我内心所产生的向前进取的一种动力——"考上好大学"是我个人的目标，我不是为了父母去考试。将外在的驱动力内在化之后，我就不再需要别人督促学习，而是驱动自己，让自己为实现目标而主动地去行动。

李笑来说："如果一件事要靠坚持和努力才能完成，那这件事肯定是成不了的——因为如果一件事，需要用'坚持''努力'来鼓励说服自己，说明你潜意识里并不想做这件事。"多问问自己的内心，你想要什么？你每天工作、学习和生活的根本驱动力是什么？当你赋予一件事情意义，你就会乐在其中。

耶鲁大学曾做过一份研究，他们采访了一家医院的清洁工。很多人认为清洁工只是为了赚钱才在这里工作、熬日子，但是调查结果却大相径庭。研究发现，有一部分清洁工工作特别有积极性——他们普遍认为自己是这家医院不可缺少的一部分，有些认为自己是医护人员，有些甚至认为自己是医院的形象大使。他们赋予工作一种价值感，工作时更加努力，他们自己也感到更自豪。

当你有了内在驱动力之后，你会发现，你所做的每件事，都让你心生欢喜。

刘玉玲也在授星仪式上说：“我从未想过开疆辟土，成为先锋人物，也从未给自己设定目标，要做第一人。我只是单纯在做着自己热爱的事情。”

3. 深度思考

孔子说：“君子有九思——视思明，听思聪，色思温，貌思恭，言思忠，事思敬，疑思问，忿思难，见得思义。”

人类的大脑每产生一次思考，就会将信息储存在大脑的神经元上面。科学家介绍，人的大脑有860亿个细胞，可以储存的信息量极其庞大。如此强大的大脑，一定需要也能够具备深度思考的能力。哈佛大学一项研究表明，仅仅十分钟的深度思考，就能极大地提升工作效率。深度思考有以下几个关键点：

1）独立思考的能力

深度的思考首先必须是独立自主的思考。

从一个客观的角度进行思考甄别，摈除偏见，不受周围环境的影响，不被外界束缚。一个“有趣”的灵魂一定是独立而自由的。

2）质疑

因为专业的关系，我经常收到粉丝留言，问我是否可以介绍真正有效的理财方法？他们诉苦在一些平台上学习理财，似乎都不太管用，一不小心还亏了很多钱。

每次遇到这个问题，我都必须毫不留情地指出：你自己首先有没有发出疑问，这个教你理财的人，他是否有金融理财行业人员的从业资格，而他又帮自己做了哪些成功的理财？如果两样都没有，谈什么理财？投资理财的亏损最终是个人承担，对于受骗的粉丝，我能做的也只有严厉地指出问题所在了。

质疑接收到的信息，是深度思考的第一步。

又比如，你去参加一场关于职场精进的讲座——你决定参加，是因为讲座的介绍写得鸡血满满，还是因为嘉宾的介绍是“金牌猎头”让你心怀崇敬？对于一个擅长深度思考的人来说，他首先会问这个问题：此嘉宾自己在职场是否是一个成功的案例？他自己是否在短时间内升级，或是在金融危机中屹立不倒？如果他本人在职场都不成功，那么他所有的经验都没有借鉴性。

再比如，我要选择一本书学习销售的技巧，我第一眼看的不是书中的理论多高大上，或是案例多鲜活；我要看的是作者自己曾经是否做过销售，他是否是一个成功的销售员。

对接收到的信息先保持怀疑态度，问自己几个关键问题，再进一步做分析。

3）以目标为导向

目标永远都应该是解决问题，而不是反反复复地讲述问题本身。无论在职场上还是生活中，我们要不断提醒自己这一点。

比如，当你得知有人在背后对你说三道四的时候，你肯定非常生气和委屈；如果对方曾经是你的闺蜜，你还会感觉背叛和失望。这个时候，我们很容易陷入情绪的旋涡——你可能会去反复证实这件事的真实性，然后找亲密的人诉苦，再然后你可能找这个人当面对质，结果两败俱伤，又或者只有你自己一个人受伤。

人有七情六欲，这无可厚非。但是一个擅长思考的人，面对问题会告诉自己要以目标为导向：对于这件事，我感到非常痛苦；那么我的目标就是解除我的痛苦——花时间跟别人诉苦，对事情根本没有帮助，不会让说出去的坏话收回来，也不会让我的心情变好，甚至让我也变成了一个说是非的人。

发生的事情不要再去探究对与错，因为追究也于事无补，曾经的付出都是沉默成本。在这一刻，我们只需要向前看：如何让我的心情好起来？如何让我的形象不受影响？然后你会发现，最好的处理方式，就是“原谅和忘记”，然后继续自己的生活。

以目标为导向，懂得适时“止损”。

叔本华在《思想随笔》里写道：“一个人的思想，是一个人真正的灵魂。他人的思想就像别人餐桌上的残羹，就像陌生客人落下的衣衫。只有自主的思考，才真正具有真理和生命。看一个人是一个什么样的人，我们通过他的眼神就能看出，善于深度思考的人，他们的眼神充满从容和淡定。”

4. 充满好奇心

很多粉丝想知道我先生是一个怎样的人。说实话，我以前时常觉得我先生有点“小懒”，下班一回到家就玩“部落战争”手游，似乎就是一个典型的理工男。但结婚几年后，我越来越发掘到他的优点。

我们搬到上海之后，很快到了吃大闸蟹的季节。一天我们收到朋友送来的大闸蟹，就讨论今晚要怎么吃。我意识到大闸蟹的烹饪方法比较残忍——活生生地将它们放到蒸锅里。我不经意地问了一句：“有没有比较人道的煮大闸蟹的方法呢？”没想到我先生马上回复我：“我研究过，我们可以先将它们解开放在冰箱里，上面放一块儿湿毛巾，让它们舒服地慢慢睡着，然后再煮，这样它们就不会感到太多痛苦了。”

我很惊讶：“你是怎么知道的？”我完全没有想到一个随机的问题，我先生立刻会有答案。他摆摆手：“我以前也想过这个问题，所以上网查了很多资料，也看了一些书，总结出来的。”

尚且不说这个方法到底是否真的有效，我惊讶的是，一个我认为平时不务正业只会玩游戏的老公，却能够回答自认为是学霸的我都答不出来的很多问题！

我先生是一个对世界充满好奇的人，他渴求了解世界究竟是如何运转的。同时，他的好奇并不止于提出问题，他还会立刻行动，去积极寻找问题的答案。在我眼中，我先生绝对拥有“最有趣的灵魂”。他经常教我要转换思维——我们要从世界的“消费者”，转变成这个世界的“生产者”。

尼采说：“聪明的人，只要能掌握自己，便什么也不会失去。”

一个聪明的人，一定会掌握自己“身、心、灵”的三驾马车——我们拥有一个健康美好的身体作为生命的载体，拥有一颗幸福的内心让我们知足常乐，同时拥有一个独立丰盛的灵魂，推动我们不断地精进，成就更美好的自己。

正如刘玉玲在星光大道留星演讲时说的：“我今天终于实现了梦想，获得如此殊荣，这也证明了任何一个自认为自己是局外人的人，都能在满天星辰中找到自己的位置。”

伴侣——你事业和生活的合伙人

我十年前刚到香港的时候，工作第一个月恰逢情人节。

在我看来，情人节的香港中环，绝对是一大“奇景”：情人节当天，从早上9点开始到下午6点，不间断地有快递送花到办公室，给有男朋友或者有人追求的女生。

这绝对是一年中最能够满足女生虚荣心的日子。虽然嘴上不说，但大家心里都悬着：我今年会不会收到花？我会收到几束花？我的男朋友会不会有所表示？我有没有人追？有没有人暗恋我？我收的花是不是全办公室最大最漂亮的那束？我会收到多过一束花吗？我收的花是不是名牌？

这天结束后，收到花的女生面露甜蜜，不管送花的是不是男朋友，下班后的节目是肯定少不了的；收到好几束花的更加了不得，脸上洋溢着一种“我是万人迷”的光芒。相反，没收到的虽然表面不说，下班后独自一人走在满大街“花丛”中时，心里的滋味只有自己知道。甚至有人为了面子，提前在网上订购好花，当天匿名送给自己，只为了这一天能够安然度过，不需要接受别人同情的目光。

1. 这个“奇景”，差点导致情侣分手

说来很巧，十年前的情人节其实是个周六。而这个周六，差点导致我的朋友跟她男朋友分手。

我的朋友Jenny，男朋友是个美国人。老外虽然很浪漫，但并不浮夸。没想到，在那个情人节的前一天——也就是周五，Jenny的公司里提前一天出现了“奇景”，大家提前过起了情人节。等了一整天，看着全公

司的女生基本都收到花了，Jenny的桌子上还是空空如也，Jenny的脸上挂不住了。一下班就跟男友发脾气，质疑他对自己的真心，严肃地说要考虑是否还要继续在一起。

没想到第二天周六，也就是情人节正日，Jenny收到了一大束火红的Agnes B玫瑰花，原来男友早就预定好花，在节日这天送到她家里。事后知道事情缘由，老外男朋友很委屈："我已经提前一个月定了花，就想在情人节给你一个惊喜！现在钱也花了（要知道，香港情人节当天的花都是天价，少则上千，多则上万），礼物也送了，我却差点被分手？我怎么知道香港有这种'规定'，一定要把花送到办公室秀给人看呢？"

好在Jenny是个通情达理的女生。她很快变通过来，跟男友和好。她后来告诉我，其实男朋友说得很对："这么私人的关系，一定要昭告天下吗？重要的是，我们两个人在一起，彼此相爱，甜甜蜜蜜就够了！"

2. 收不收花，真的那么重要吗?

生活需要有仪式感。在特别的日子，送花、送礼物，让对方感受到你的情意，这非常重要。毕竟，每一个人都想要得到被人重视的感觉。逢年过节，是让伴侣感受你心意的好机会。

然而，一对情侣关系中还有其他重要的东西，包括：

（1）彼此认同

我身边有很多性格和兴趣爱好完全不同的情侣——比如一个来自四川无辣不欢，一个是香港人哪怕一点辣椒都会满头是汗；或者一个非常喜欢做运动、打球、去健身房，另一个只喜欢宅在家里安静看书写字。很多这样的情侣，一开始不被外人看好，但最后都能修成正果甚至相伴一生。

哈佛大学曾经历时七十五年，对七百多个家庭做了研究。发现好的婚姻中的两个人都互相欣赏认同，不管一方做了什么，另外一方都会捧场。其中来自纽约的一百零五岁的Arthur和一百岁的Marcia，在年轻的时候，他们的婚姻并不被人看好，但二人的感情一直很好，还刚刚庆祝了结婚八十周年的纪念日。

问他们有何让感情长期保鲜的秘密，原来是老奶奶喜欢听笑话，老爷爷就经常给她讲。即使讲的笑话没有人笑，周围的人也不觉得老爷爷的笑话有多么幽默，老奶奶依旧可以旁若无人地笑得前俯后仰。

世俗所说的“门当户对”，并不仅仅是双方家庭、金钱或地位上的旗鼓相当，更多的是双方对彼此有认同感。对这个世界的看法、价值观、个人目标的设定，双方必须在同一个频道上。为什么新闻里那么多“豪门”公子喜欢迎娶“豪门”小姐，除了双方家庭实力相当之外，所谓的“政治婚姻”很大程度上是因为双方的价值观和追求的个人目标是一致的。

（2）坚定的承诺

正所谓“一诺值千金”。承诺代表着一个人的责任、一种义务、一份爱。

坚定的承诺，代表你相信即使在最差的情况下，自己也一定陪在他身边；反过来，你相信他也会为你做同样的选择，在最艰难的情况下，对自己不离不弃。当然对于这个“最差的情况”，每个人心中都设有不同的底线。

在《小王子》这个故事里，狐狸曾经说过这么一段话：

“你对我来说，只不过是个小男孩儿，跟成千上万别的小男孩儿毫无两样。我不需要你。你也不需要我。我对你来说，也只不过是个狐狸，跟成千上万别的狐狸毫无两样。但是，你要是驯养了我，我俩就彼此都需要对方了。你对我来说是世界上独一无二的。我对你来说，也是世界上独一无二的……”

这里的“驯养”，我理解为他们彼此做出承诺。因为这个承诺，让双方都成为彼此独一无二的一部分——不仅是对方这个人，也包括你们二人的关系，以及在对方面前的你，都是独一无二的，没有其他人可以替代。

（3）良性沟通，积极处理纷争

加拿大渥太华临床心理学家Sue Johnason在她的*Hold me tight: seven conversations for a lifetime of love*一书中说过，每对情侣都会有分歧，但真正让情侣不快乐的原因是，当彼此失去情感上的连接时（比如吵架），无法与对方互相产生信任感和避风港的感觉。

在爱情、婚姻或者任何关系中，出现矛盾是常态。温格·朱莉曾说：“即使是世界上最幸福的婚姻也有两百次想离婚的念头和五十次想要掐死对方的冲动。”关键在于，双方是否可以一起学习如何表达需求，避免说批判性、伤人的话，积极处理矛盾，而不是抓住矛盾不放、三番两次旧事重提。

人与人要找到一个彼此的磨合点，才能更好地相处。彼此善待、珍重却不依赖，真挚而细水长流。

（4）将彼此视为对等的伙伴

在女性越来越独立的当今社会，女性可以自由选择“主外”还是“主内”。在一段感情中，两人可以扮演不同的角色，但不管角色如何，重要的一点是，双方视彼此为地位相等的伙伴——他们不会将一个人的观点或者兴趣看得比另一个人更重要；在大事情上面，两人会彼此商榷并共同做决定。

真正的恋人就好像生意上的合伙人，他们互相欣赏、互相磨炼，支持对方追求自己的人生理想，为彼此的成就感到高兴。当对方遇到困难和挫折，他们会悉心聆听，真诚地给予对方帮助和指导。他们在成就对方的同时，也成就了自己。

（5）在他面前，你可以做自己

我很喜欢电影《心灵捕手》里的一句台词：“我们的小缺点，让我们找到对的人。”

一个完整的爱，并不一定是完美的爱——接受对方的外表、性格、背景，包括优点、缺点、爱好、小脾气等。彼此放松，不需要给对方定位太高。你能够把自己最真实、最不堪的一面展现在他面前，自由地表达自我，而不是压抑着自己的个性，更不需要因为这份感情而放弃你的人生追求。

就像涂磊说的那样：“踮起脚尖爱一个人，是很不现实的。”让对方做真实的他自己，你做真实的你自己。他喜欢的是自然而然的你，你喜欢的是实实在在的他。

3. 我的择偶观

从小父亲就教育我，要做一个拥有“五个心”的人——要有爱心、上进心、责任心、孝心和包容心。

在选择伴侣时，大家也可以参考这“五个心”：

（1）**爱心**——有人说，找对象一定要找养宠物的人，因为这样的人有爱心、同情心，更懂得照顾他人。一段感情的基础必须是真实的爱。有爱心的人，将来会爱护你们的孩子，当然很现实的一点，也减低了家暴的可能性。

（2）**上进心**——上进心可以让你找到一个“潜力股”。很多情侣分手，表面上看可能是性格不合、沟通困难等，但真实的原因，可能是两个人在事业和生活上的差距越来越大，两条线越走越远，最终平行。

（3）**责任心**——维护好一个家庭，最重要的就是责任与爱，缺一不可。有责任心的人做事有担当，不推卸、逃避责任，他们通常还很自律、自爱。

（4）**孝心**——作为中国人，孝道是判读一个人品德的重要标准。一个孝顺父母和长辈的人，对家庭成员和颜悦色，让家庭气氛轻松融洽，这也决定了你们今后处理双方父母和家庭关系时是否一致。

（5）**包容心**——两个人相处，除了原则问题外，其他的方面都可以给予理解和包容。一个有包容心的人，让你们在将来遇到争吵时（这是一定会发生的），会给予你包容和迁就，而不会闹到鸡飞狗跳。家是讲爱的地方，不是辩论场。双方彼此能够包容和礼让，就是“举案齐眉”的最好状态。

4. 你现在是否处于一段美好的关系

香港狗仔队喜欢用“行蜜运”来形容在拍拖中的明星们。我觉得“蜜运”这个词用得很巧妙，充分形容一个人在一段美好关系中，不自觉表现出来的状态，这是处于幸福中的人举手投足之间表现出来的甜蜜和幸福感。

如果一段关系没有让你变得更好，很可能说明你遇到的人不太对路。一旦你遇到合适的人，对方会给你积极的影响，让你的小宇宙爆发，每天都充满正能量；而不是变得越来越不像你自己，甚至失去你原本的光彩。

当你一直问“我到底是不是应该继续这段关系”“他到底是不是我的Mr Right”的时候，你心中其实已经有了答案。所谓“春江水暖鸭先知”。一段真正美好的关系，是不需要向外人求证的。

要判断你是否处于一段美好的关系中，可以观察一下自己：

- 每天都很开心。早上醒来觉得有美好的事物等着自己。
- 对自己感到满意，自信满满；对伴侣信任，没有互相猜忌。
- 即使彼此争吵也可以共同解决。
- 充满正能量，想要实现的人生目标，可以放心去追逐；即使不成功，也一定有伴侣的安慰和支持。
- 笑容经常挂在脸上，对人说话柔声细语，让人如沐春风，甚至化妆师都说，哎哟，你最近皮肤变得那么水润有光泽哟！
- 慢慢地，竟然活成自己想要活成的模样！

这个时候，你就知道，你找到了合适的爱人！

作家尼尔森曾经说过：“最适合的伴侣，就好像走进一座你曾经住过的房子里——你认识那些家具，认识墙上的画，架上的书，抽屉里的东西；即使在这个房子里你陷入黑暗，你也仍然能够自如地四处行走。”

一段美好的关系，一定是能够成就更美好的彼此的，而不是深陷于嫉妒、无安全感，甚至失去自我。两个人相处舒适，势均力敌，相互包容，共同成长。你变成更好的自己，他成就更好的他。

内外兼修，相由心生

不知道大家是否跟我一样，特别喜欢选美比赛的问答环节。

记得很久以前，在一个国际选美决赛的问答环节里，主持人提出了这个问题：**“如果要在美丽和智慧中选一个，你选择哪一个？”**

几乎所有的佳丽都回答“我选择智慧”或者“两者并重”。只有一位佳丽回答“我选择美丽”。主持人马上反问她说：“难道你想做个虚有其表的人？”

她有条不紊地回答：“真正的美丽包括了内在和外在的美，**一个美丽的人，不仅外表迷人，也肯定闪烁了智慧的光芒，更有一颗美丽的内心。**”然后，她成为冠军。我觉得她很好地诠释了美丽的定义，那就是“内外兼修，相由心生”。

那我们先来谈谈修内。

1. 修内

都说一个人的气质里，藏着你读过的书、走过的路和爱过的人。

（1）读万卷书

当今社会，书的定义宽泛了很多，包括纸质书、电子书、各种社交媒体（如微信公众号、知乎、豆瓣等）。所谓“书中自有颜如玉，书中自有黄金屋”。读书，尤其是历史书，是最好的接触人类智慧结晶的方式。一本好书可以启迪人，改变一个人的想法，从而改变一个人的命运。

相信正在读这本书的你，肯定深知书对一个人的成长的重要意义，在此我就不赘述了。

在生活节奏快、信息大爆炸的今天，我们的问题并不是书不够多，反而是太多信息，太少时间。经常有朋友跟我说："Susan啊，我很久都没能静下心来好好看上一本书了。"

这也是我曾经面临的问题。于是我培养了一个小习惯：对于纸质书，我每天睡觉前会看一小时的书，如果时间紧迫，看半小时甚至十五分钟都是好的。一来睡前解放整天盯着电脑、手机、电视的双眼；二来通过看书放松一整天紧绷的神经，自由地翱翔在知识的海洋里，激发灵感。我也会利用坐飞机的时间看书。而对于网络和媒体的内容，我则只会利用碎片时间来看。

（2）行万里路

万里路并不仅仅是说走就走的旅行，也包括在不同地方生活，尝试不同的领域。万里路一定要有踏出的第一步。万事开头难。但是之后，你的脚步才会越走越坚定。

之前的一节，我跟大家分享了一个我非常糗的经历，就是我大学毕业后到英国培训的时候，入职考试不及格的经历。其实第一次出国的糗事还没结束——在考试后，我又再次经历了被否定。

公司培训的一部分内容，是将全球各地的毕业生集合起来，开车到离伦敦两小时车程的一个培训基地，通过上课、做游戏、角色扮演等来培养我们的各种工作能力。

大家来自五湖四海，我不仅要适应英式英文，还要努力听懂爱尔兰、印度、德国等各种口音；再加上英国人特别喜欢说一些很干的笑话，经常全部人都笑得前仰后翻了，我却还无法理解，只能尴尬地站在一旁，渐渐成了最不合群的那一个。

有一次团队合作的游戏，分三个小组，每个小组五个人，按小组进入一个房间集体完成各种任务，但要选出一个队员遮住嘴巴不能说话，可想而知，大家都会选那个他们觉得最没有贡献的队员。

结果，所有人都选了我。更可怕的是，我心里竟然暗暗高兴，很庆幸我可以心安理得地不用出声！

游戏结束后，测评员对我们说，其中一个任务——找宝藏，虽然Susan嘴巴不能说话，但她眼睛可以看到，耳朵可以听到，手依然可以给你们指出方向。我突然发现，的确是这样。虽然目前我交流的确有问题，但我也可以通过别的方式来为团队做贡献——虽然目前的环境对我来说很陌生，但如果我现在就回到舒适区，以后就更加不会做出改变和尝试了。

三个月的培训之后，每个毕业生都可以自主选择留在国外，或者回自己的国家工作。让所有人大跌眼镜的是，我竟然选择了去美国纽约。因为我觉得，最艰难的第一步都已经迈出了，还会有比这个更糟糕的吗？对于一个出生在小城市的我来说，现在我有机会来到国际大都市纽约，我当然非常珍惜这样的机会而加倍努力。

事实证明，在陌生的国度工作和生活的经历，磨炼了我的意志，开阔了我的视野。我想当年跟我一组的另外四个同事怎么也不会想到，当时那个那么没有自信的我，若干年后可以淡定的上节目、做演讲嘉宾。

你今天遇到的所有挫折，到明天都会成为你口中的一个故事；你所有走过的路，不管是坦途，还是崎岖小路，都将成为你人生阅历的一部分，那么，为什么不让这份阅历更精彩呢？

（3）爱一万个人

爱一万个人？当然是跟大家开玩笑的，但是多认识人，保养你的朋友圈，是绝对需要的。人是社会的动物，我们每个人都不是一个孤立的人，我们必须和周围的人打交道，吸取别人的优点，摈弃缺点，不断地提高自己。更重要的是，可以遇到你的人生导师。这一点，第一章已经详细阐述过。

跟选择书籍、选择公众号一样，尽可能地让你身边围绕着可以帮助你成长的人。

2. 修外

在我的字典里，“修外”包括了大方简洁的外在形象、合乎礼仪的行为举止和健康良好的生活习惯。

（1）外在形象

奥黛丽·赫本说：“优雅是女人最昂贵的品牌，它代表她的心灵之窗和智慧之窗。”

首先大家要掌握基本的化妆、服装搭配技巧，同时练就优雅的姿势——站姿、坐姿和走姿。大家可以在家多多对着镜子练习，也可以向专业的形象老师请教。

我们不需要追求名牌，一个端庄整洁的仪表就是你最好的品牌。

（2）言行举止

在社交场合中落落大方，不卑不亢，遇事不急不躁，游刃有余。一个受欢迎的人都有以下几个特点：

- 公众场合注意礼貌，遵守公共秩序，不大声喧哗。
- 适当的打扮是尊重他人的表现，切忌不修边幅。
- 多关心他人。
- 不斤斤计较。
- 不咄咄逼人。
- 不自恃清高。
- 保持幽默感。

3）生活习惯和品位

一个人是否精致优雅，从生活品位的细节可以看出来。

我身边生活精致的女性朋友们，都有以下的习惯：

- 每周素食一天。素食不仅代表环保、健康，也是一种品质生活的潮流。
- 不穿过于紧身的衣服。
- 每周更换一次卧具，清洁的睡眠跟清洁的脸一样重要。
- 每周更换至少一次毛巾，保持它的芬芳和柔软度。
- 选择天然物料的衣物，不过度消费，不盲目追求品牌。
- 做义工，帮助社会有需要的人士，不计回报。

3. 相由心生

都说一个人三十岁前的容貌由父母决定，而三十岁之后的容貌则是由心而发的。我一直相信，**相由心生的最重要一点，就是有一颗感恩的心**。

最近一次回家翻旧照片，有一张是我和表姐站在一起的。我表姐穿的是很少女的粉红色裙子，胸前还有一个小熊的小挂饰；我则穿着一个白色的星星裙。我现在都记得，当时那个小小的我，是多么想拥有表姐那条裙子，甚至照片里的我都有点强颜欢笑了。

现在的我再次看着这张照片，我竟然发现自己的白色裙子，很美。甚至用我今天的审美眼光来看，我的裙子更加洋气大方。但是二十多年前的那个小小的我，又怎么会想到呢？

而对于现在的我来说，二十多年前表姐那件粉红的裙子，是那么微不足道；但我现在正在纠结的事情是，二十多年后，会不会也跟那条粉红裙子一样，变得微不足道了呢？

看透了这一点，我发现，我们真的要学会知足和感恩。这不是为了别人，而是为了我们自己。

我在第一节提到的学姐贺雯，她保送清华法律系、哈佛全奖深造，北京著名律所最年轻的合伙人之一，也是两个可爱宝宝的妈妈。她在接受我的公众号专访时说："每个合伙人对新人的期待不同。我最希望看到的新人身上能有两种品质：敬业和感恩。

"关于感恩，我以前做律师的时候，一个大项目做完，虽然很累，但还是会写一封邮件感谢老板给我这个机会，这不是为了奉承老板，而是发自内心地认为，如果不是器重你，老板为什么让你而不是别人来做这个项目呢？我参加了这个项目，就获得了提高。我想现在的职场新人，如果也都能从这个角度来理解问题，而不是抱怨为什么别人不加班就我加班，或许就能获得更多机会、取得更好的业绩。"

有一个TVB的朋友，之前一段时间，她跟我诉苦说男朋友不够优秀，没有坚实的经济基础，但又怕分手找不到更好的，搞得她最近快得抑郁症了。但据我观察，她的男朋友对她可是百般呵护，这个在娱乐圈多难找到呀，就算不看她男朋友，她自己也非常成功，曾经的香港小姐，现在无线艺人，还在热播剧《深宫记》里面有足量戏份，这是多少普通人甚至其他艺人梦寐以求的事情呀。

很多时候，我们都被一粒沙子迷惑了双眼，看不到整个大画面的美好。而那粒沙子，你揉走了，才会发现它只是这个世界里微不足道的一点。**为何要因为一粒沙，而失去你本来就拥有的整个世界呢**？

我一直相信，做人一定要努力，要奋斗，不断向着完美靠近；但同时也要知足，要感恩，因为完美是不可能达到的，只能无限地接近。

愿我们读过的书、走过的路、爱过的人和认识的人能赋予我们大气的眉宇，而知足感恩的心能赋予我们温柔的笑靥。

让我们在这个繁华世界里，内外兼修，相由心生。

第七章

Chapter 7

这是女性最好的 时代

爱笑的女孩儿与运气

“爱笑的女孩儿，运气都不会太差。”这句话最早是古龙在小说《大英雄本色》里写的，“笑得甜的女人，将来运气都不会太坏”。

跳出武侠世界，这句话也适用于现实社会吗？爱笑的女孩儿，在职场中是否比别人得到更多的机会，更容易受到老板的青睐，更容易升职加薪，在生活中是否更受欢迎，更容易得到幸福呢？

1

“爱笑的女孩儿”积极乐观，懂得如何在各种场合控制自己的情绪。

情绪控制是越来越受到重视的一门心理修炼课程。“爱笑的女孩儿”的最大秘诀，就在于她们知道如何掌控自己的情绪，调节自己面对困难和挫折的态度。

我的大学同学Mandy，刚毕业就开始做某私人银行的客户经理助理。

私人银行的职位外表看上去高大上，帮助富豪们做财产管理，但背后却是不为人知的艰辛。尤其作为新人助理，Mandy每天都要帮她的上级客户经理打杂，处理客户的公事私事。市场好的时候还只是家庭琐事，当当管家保姆；市场走低的时候，平均每天都要接到五个以上的投诉电话，客户破口大骂的情况也是屡见不鲜。

但我每次见到Mandy，她都是画着精致的妆容，保持着甜美的笑容。

我说：“我不是客户，你不需要给我专业笑容的啦，要是不开心可以找我发泄一下。”她还是笑笑：“其实没什么大不了的，我的工作就是帮助公司建立和加强与客户的关系。投资回报不好，客人有脾气是人之常情。我不会过于带入个人情绪。如果所有的客户关系都那么容易维护，那还需要我们这个职位干吗？”

我很佩服像Mandy这样的女孩儿，她们拥有强大的内心力量，遇事一笑而过，不允许消极的想法影响她们的头脑。同样是面对困难和挫折，悲观的人会认为，碰到不好的事情都是自己倒霉，全世界都在和自己作对；而乐观的人认为，一切困难都是暂时的，从失败和挫折中，她们往往能吸取教训，不断成长。

现在的Mandy，已经成为私人银行客户经理的总监，掌管上亿高净值客户资产。

她跟我分享了她的秘诀：每一天都向自己的头脑中注入积极的想法。“我也是个普通人，被人指着鼻子骂的时候，我也很委屈很无助。但这个时候一定要打住，要有意识去选择正面的思想，进而有意识地去选择正确的语言和行动。”

“爱笑的女孩儿”会微笑着面对一切，即使是遇到挫折，她们依然会继续尝试。尝试的更多，机会也就更多，学到的也就更多，成功的概率自然更大。

2

“爱笑的女孩儿”更容易得到好人缘。

笑容是一种治愈。经常将笑容挂在脸上的女孩儿，让人相处舒服、零压力，如沐春风。

拿我大学三年级暑期实习面试为例：在最终的集体面试环节，八个候选人围坐一张桌子，而四个面试官分别坐在会议厅的四个角落，观察这个“临时团队”如何共同解决业务问题。终面的八个候选人，全部来自全国最顶尖高校——北大、清华、人民大学、复旦、上海交大等，全部经过了4轮面试的筛选，都是人尖中的人尖。我一踏进面试场地，就倒吸了一口冷气——跟他们相比，我完全没有智商和专业知识上的优势。

其中，最突出的是一位叫Patrick的候选人，他是北大经济系研究生，我在学校就对此人有所耳闻，他是全额奖学金获得者，大学期间还获得了很多金融学术方面的奖项，本人非常活跃和上进。果然，集体面试基本成了他的个人秀，从头到尾80%的时间都是他在侃侃而谈，他提出的解决方案也是最终使用的方案。而我，因为本科专业并非金融，根本不能有像Patrick一样的深刻见解。

就在我们所有人都以为Patrick会被选中的时候，他却意外落选。反而，我作为唯一一个非金融专业的本科生，被幸运地选中，成为当年全国唯一聘用的本科生。

正式入职后，我找到当年其中一个面试官，问他在终面时，每个候选人都那么优秀，为什么偏偏选中了我。

他回答："正是因为知道你们每个人都很优秀，我们不需要再考察专业知识或学习能力，我们看中的是你的亲和力和沟通能力。我们不需要一个在集体讨论时独揽大局的人，我们需要的是一个不仅智商高，更可以朝夕相处的工作伙伴。你虽然说话不算最多，但句句到点子上。同时在别的候选人说话时认真凝听，与每个人都有交流，对每个人都点头微笑，在我们眼中是一个完美的团队合作者。

"另外那位候选人Patrick，他的金融知识的确非常棒，但是与他接触下来，有一种咄咄逼人的压迫感，全程无笑容。"

在工作中，尤其是应聘销售职位，第一印象非常重要，面试官也会从一个客户的角度，去判断你是否容易被客户接纳。生活中也是一样，一个优雅温暖的笑容，会给你的第一印象加分，让人容易放下戒心，更容易接受你。

试想，在职场中，没有一个老板会想给自己的团队，添加一个成天拉着脸的员工吧？在生活中，也没有人喜欢跟成天眉头紧锁的人相处吧？

3

"爱笑的女孩儿"会吸引更多的"运气不太差"的人围绕在她们身边。

在朗达·拜恩的《秘密》这本书中，她曾提到过一个神奇的"吸引力法则"：两个具有相似心态的人在心灵上会产生共振，因此就会彼此吸引，越走越近。

所谓你朋友圈的平均水平，就是你的水平。一个爱笑的人，会吸引更多爱笑的人在她周围。与积极乐观的人相处，在遇到无法依靠自己力量去解决的事情时，更容易因为好人缘而得到他人的帮助。

而对于一个愁眉苦脸的人来说，她很容易在生活中陷入这样一个恶性循环。她越是不开心，就越容易吸引更多不开心的人和事出现在她的生命当中，结果就会导致自己生活得更加不开心。哭丧着脸不仅不会有助于解决任何问题，反而会让问题变得更加糟糕。如果想打破这个恶性循环，那就要从改变自己的心态开始，从一个发自内心的微笑开始。

一个微笑，能开启一个正能量的循环，让你周围围绕更多积极乐观的朋友，你的运气自然也不会太差。

4

“笑”可以为你打开一扇门，但是入门后能走多远，最终还是看实力。

我曾经跟几位朋友讨论到职场中“靠脸吃饭”究竟可以有多大的作用。颜值的确可能会让一个人更轻松地得到机会，毕竟爱美之心人皆有之。但你真的满足于只做一个花瓶吗?

即使在娱乐圈模特界，颜值显然是最重要的标准之一，但美好的容貌那么多，客户选择的一定是合作起来轻松愉快而又能完美演绎品牌精髓的模特。我的一个时尚杂志主编朋友，刚刚从米兰时装周回来。他跟我说，那些国际顶级的名模能够成功真的不是只靠外表。她们在工作过程中非常专业，在生活中也完全没有架子，非常亲和。其中一个让他印象最深刻的模特，在每次拍摄之后都会整整齐齐地将所有穿过的服装叠好，笑眯眯地还给品牌方。

我所欣赏的女孩儿们，一定是“外柔内刚”的集合体——从外表上看，她不刻意掩饰作为女性的性别特征，她们可以是可爱的、酷的、贤惠的、性感的，但她们的内心一定是坚定的；她们很明确自己的人生目标，不断地修炼和完善自己。她们不会放弃女性的“性别福利”和优势，甚至将其发挥得淋漓尽致；但同时，她们也不放过任何一个施展自身才华和能量的机会。

当今社会，在经济、文化、政治、科技、教育等各个领域，随处可见女性佼佼者的身影。这是女性最好的时代，我们得到历史上前所未有的性别平等的权利（母系氏族社会除外），我们得到了开拓自己才华的机会，拥有更广阔的展示自己的舞台。

所以，我们不要辜负这个时代！

曾子墨在《墨迹》里写道："在她的投行生涯中，曾经有人问她，'听说你们投行是女生当成男生用，男生当成牲口用'？她笑着回答：'现在男生女生都一样，都是拿来当牲口用。'"我觉得她的回答非常巧妙，也再次证明了，在竞争激烈的职场生态中，无论男生女生，需要生存都必须努力。

一方面，我们不应该否定，一个好的形象气质、温暖的笑容是非常有效的敲门砖。另一方面，我们不可以将所有筹码都放在颜值上，只有踏实努力，才能在成功的道路上越走越坚定。美丽如曾子墨（她后来成为凤凰卫视当家主持人），她也需要经历投行做项目时"连续一周，几乎每天工作十七八个小时"的磨炼，才能成为摩根士丹利做新浪上市时的主力军。

古龙写过：最好的武器不是剑，而是笑容。

做一个爱笑的女孩儿，同时不忘增强自己的实力。

做一个温暖而有实力的人，才是在职场和生活中保持"好运气"的不二法宝。

当上升期的事业遇到怀孕

对于一个女性来说，事业和生孩子，可以说是已婚未孕女性们最大的困惑之一。虽然很多公司已经明文规定，除非严重违反公司规定，公司不可以辞退在孕期、产期、哺乳期的女员工。但实际情况是，从怀孕到生育到休产假，将历时至少一年的时间。这期间，我们多少会担心被人替代，影响正常的工作，影响年度业绩的考核，进而影响晋升的机会和个人的职业发展。

对于一个想要建立家庭又不想牺牲事业的女性来说，我们如何做到在事业的上升期，跟老板和公司说你怀孕了？又如何在生孩子的这几年时间，做到在职场上继续前进呢?

1

究竟是事业为重，还是结婚生子为大?

这是一个非常私人的问题，每个人都应该衡量自己的情况后再做出选择，我们也应当尊重他人的选择。当然，我们需要理性、客观地做一个分析——现在是我结婚生子的好时机吗?

大家可以参考以下几个因素：

（1）自身健康情况

这是一个非常现实的问题，大家可以去医院做一个妇科检查，看看卵巢、子宫功能目前处于一个什么状态（男性类推）。千万不要以为年轻就不需要检查，我的一个朋友，当年二十多岁时就检查出卵巢功能提早衰退，医生建议她在一年内怀孕。她今年刚刚三十岁，孩子已经上小学，她有了更多时间专注于自己的事业。同样地，我身边也有很多女性朋友选择把事业奋斗放在前面，四十多岁生第一胎，同样很健康！每个人的身体状况不一样，如果你决定不做丁克，那么请从科学的角度，找医生来为你制定一个“时间表”。

（2）经济情况

一个孩子的到来，对家庭的经济影响是巨大的。可以找个时间，跟先生坐下来一起分析你的家庭财务情况——你们是否有足够的经济基础，家庭理财是否进入正轨，是否有充足的现金和资产，是否给家庭经济支柱买了保险？你和先生、家人的消费观是否达成了一致？在孩子出生后，各种花费增加的情况下，对现有的生活方式会不会有太大的冲击？

（3）家庭分工情况

夫妻在备孕之前要达成共识，将来孩子谁来带，怎么养，是否有老人、亲戚可以帮忙，是否请阿姨，等等，都需要探讨。其实在中国，女性想要成为一个职场妈妈，还是很有优势的，我们比较容易能够找到“帮手”来照顾孩子。

（4）自己所处的事业阶段

当代女性越来越独立，越来越有人生的目标和追求。很多人觉得如果自己刚进入一家新公司，或者正好处于事业上升阶段，此时怀孕会对事业带来负面的影响。但实际上，许多企业和单位都对生育这件事情非常“友好”，尤其是我国二胎政策开放之后，大部分单位都有非常棒的产假和福利。大家可以观察自己身边的女同事，尤其是女性领导，如果她们家里都有孩子的话，你就不需要太担心怀孕影响事业的问题。

（5）自身的能力

你是否能够做到兼顾事业的同时照顾年幼的孩子？你是否能够做到一边喂奶，一边给客户打电话？你是否能够在孩子一夜折腾之后，还能精神抖擞地准时出现在办公室里？大家可以尝试跟公司里的“职场妈妈过来人”聊聊天，看看她们可以给你哪些建议。

2

让我们来讨论更实际的问题——我在事业上升阶段怀孕了，应该怎么做?

我们的目标是，做一个美丽的孕妇，怀一个健康的宝宝；同时，我们要在事业上继续前进，不降低自己的竞争力，甚至在这段时间实现升职!

（1）大方跟公司宣布“我怀孕了”

一定要早于你的老板发现前宣布消息。

尤其是，当你经历非常严重的晨吐，或者你的工作环境对怀孕不利——比如接触化学物质、周围有人吸烟、你做的事情需要耗费很多体力等等，那么强烈建议你一怀孕就宣布，同时向上级要求调换岗位到一个有益于胎儿的工作环境。

至于时机，你可以在做成一笔交易、拜访一个新客户或者赢得一份合约时，宣布自己怀孕的消息，借此证明你在怀孕时仍能保持跟以往一样的工作能力。你可以在公司手册中查一下怀孕和产假的相关政策，有必要的时候可以跟人力资源的同事进行一次秘密谈话。

建议大家不要在告诉人力资源部或者老板之前，告诉公司里的任何人。

（2）怀孕期间

很多小伙伴担心在公司宣布怀孕，会给自己带来许多不利——老板和同事会质疑“她怀孕了，还有精力工作吗”。

因此在跟老板宣布之前，你需要做一个详细的“孕期计划书”，安排好你产假期间各种项目如何进行，以及能够帮忙的同事名单。最好的方式，就是在向老板提出“我要休产假”的同时，告诉他“别担心，我已经帮你想好了，这段时间我的工作能力不会下降，而产假期间各个项目也不会有影响”。列出你信任的能够在孕期帮助你处理事务的同事，让老板没有后顾之忧。你也可以将产检的时间在日程表上记录下来，提前跟老板打招呼。老板都喜欢做事有计划、有条不紊的员工，孕妈妈也要表现出计划性的一面。

当然，怀孕期间准妈咪大多容易感到劳累（当然我身边有很多精力旺盛的孕妈妈），个人建议大家不要勉强自己，量力而为，需要休息的时候及时提出；但重要的是，在休息之后，回来还是要继续认真工作，要定期定质定量完成应该完成的项目。如果真的确定无法在截止日期前完成，记得第一时间通知老板，给对方尽可能多的时间来处理。

一个常见的情况是，怀孕了活儿就减少了：比如，现在不能频繁出差了，是不是代表我们就没用了呢？我们大可以坐在办公室里为公司提供价值——虽然不能出差，我们可以在办公室里做好后勤工作，帮助出差的同事准备需要的文件和备案。

（3）产假期间

我的前公司有个女老板，生了三个儿子，人称“拼命三娘”。生大宝的时候，她在公司工作到破羊水才被救护车送去医院；生二宝的时候，生产完第三天就出现在公司的经济论坛，还要做演讲嘉宾，真是听着都为她捏一把汗（当然是坐着轮椅进去的）。

我个人不建议那么拼，母子安全最重要，月子也要好好坐。不过在香港，坐月子的时候在家里回复公司邮件的妈咪们比比皆是。

现在倡导科学坐月子，很少有妈妈们捂着在家；产假期间，在保证自己休养和孩子需要的情况下，大家可以查查邮件，打打电话，动动手动动脑也是很好的恢复方式。即使在家里休产假，我们也应当保持与客户和同事的联系，争取做到不与公司的业务脱节。等产假休完后，回到公司重新上手，就会游刃有余了。

（4）产后复工

经常看到娱乐圈头条，“某某明星产后一个月急速修身复工赚奶粉钱”的新闻。

明星都那么拼了，何况我们呢？产后复工，是重新定义自己是一个怎样的员工的开端。这个时候一定要打起十二分精神，树立一个专业的形象——我虽然荣升妈咪，但是工作上我依然能够保持以往的干劲。此外，第一天复工，别忘了带上小点心，感谢那些在自己怀孕、休产假期间给予自己理解和帮助的同事。

3

孩子小的时候，有什么方法可以事业和孩子两兼顾？

很遗憾地告诉大家，真正的两全其美的方法是没有的。正如我们经常看到社交媒体上，明星模特们在产后两周就可以瘦下来的肚子一样，真实的情况很可能只是做了美颜。但是我们大可不必因为产后半年还有肉的肚子而发愁，正如我们不需要去盲目地追求事业和家庭都要完美一样。

一天只有二十四小时，你不吃不喝不睡也就这么多时间。时间放在孩子上了，在工作上势必就少了。要喂奶了，那肯定出差也不能去了。反过来也一样，你在公司加班了，回家孩子可能都睡了，亲子时间肯定就少了。

如果你希望在孩子小的时候以家庭为重，同时希望最大可能的兼顾事业，那么可以将眼光放长远一些。我的一位前同事，在生大宝后跟老板严肃地坐下来谈，批准了她在公司暂时做一年兼职，没想到一年兼职差不多做完的时候，又怀孕了，于是继续兼职，等生了二胎之后，再回来正式上班，结果第一年就升职了！

大家可能会觉得这么好的事情，上哪里找？实际上她完全是靠自己的努力。首先，在她怀孕前，已经是明星员工，得到了老板的赏识，因此也拥有更多的谈判资本。其次，她那两年做的“兼职”，合同规定是“一周上班三天”，但实际上另外两天她还是会进公司处理文件。我曾问她，那这样的兼职还有什么意义？她说：“我可以保证我不用加班啊。”

作为女性，我们一生中要扮演很多不同的角色，我们的生理构造也决定了我们在生育这件事情上要比男性付出得更多。

布兰登·伯查德在他的畅销书《专业化生存》里说道：“我们每个人的人生经历都是有价值的。”我们可以积极面对，在这个传统观念上的“事业停滞期”，通过自己的努力和合理的安排，继续寻求职场内外的自我发展和成长，树立新的职场女性标准。

除了你自己，没有人可以让你放弃追求自己的人生目标。

切好你的饼

前段时间收到某电视台节目邀请，担任嘉宾分享职场妈妈如何管理时间。与导演聊天过程中，她提到一个二胎妈妈，产假结束后重返职场，在公司朝九晚五，照道理不算辛苦，却发现时间还是不够用。在之前一节，本书已经阐述了时间管理的技巧，但对于职场妈妈来说，既要赚钱养家，又要貌美如花，还要无条件带娃，压力大得透不过气。我的很多同事都说，做了妈妈以后，真心觉得“好像什么也没做，一天就过去了”。

我在大宝出生后也有一段时间手忙脚乱，找不到方向，真正体会到什么叫无头苍蝇。但后来及时止损，调整了一套方法；在生了二宝后，虽然两个娃更忙了，但竟然也可以有条不紊地工作和生活，不亦乐乎。在此分享给大家——职场妈妈如何调整自己，高效的利用时间。

1

首先问问自己：我想要达到的目标是什么？

我希望在工作上继续保持专业、竞争力不下降，同时又可以兼顾家庭，扮演好贤妻良母的角色。此外还要保持健康与自我增值。

如果你的目标跟我一样，那我们将时间分为三大块：（1）工作；（2）家庭（主要是孩子，但也不可以忘记先生，如果老人来帮忙那么还有父母）；（3）自己。然后，给自己设立一个机制，每天要达到一个怎样的最小目标：

- 可以是固定时间的目标，比如说，我每天必须要花一个小时，跟孩子独处的时光，在这个小时内我不管做什么，只跟孩子在一起，手机也找不到我。

- 也可以是效果的目标，比如我今天要跟孩子讲一个睡前故事，那我每天只要能讲好这个故事就算完成了，不管是十分钟还是一小时。

在这个最小目标达到之后，剩下的时间，允许自己自由支配：可以灵活利用，按照心情和精力再次分配到工作、孩子或者自己身上。

2

目标设定之后，还要通过对内和对外进行调整安排。

（1）对内调整好自己的预期值

正确管理自己的预期——这个世界没有完美的人，也没有人能做到一个完美的母亲。当然这不代表我们不去努力。

抓住核心的需求，列出哪几项必须是你亲自负责的，比如每天帮宝宝洗澡，每天跟孩子一起读十五分钟绘本，或者哄宝宝睡觉。列出这个清单之后，清单之外那些可做可不做、别人做也没有太大差别的项目，就放心地交给别人去做吧。

同时接受自己不可能做到100%，保持一个良好的心情和健康状态，是做所有其他事情的基础。

（2）在家寻求伴侣、家人或阿姨的帮助

在带娃的分工上，爸爸妈妈可以分别负责一个时段，让彼此都拥有一段属于自己的完整时段。比如，爸爸负责晚饭后两小时，妈妈再接手照顾宝宝到就寝，这样爸爸妈妈都不会觉得太劳累，可以有与宝宝独处的时间，又可以有自己的时间。

（3）在公司尝试跟老板沟通，看是否可以得到灵活的时间安排，或者一周有几天可以“在家里工作”

还是那句，你问了老板，不一定得到肯定的答复。但是不问，就100%得不到回复。

3

在实战中，我们可以这样做：

（1）提前一天做好计划，尽量做到每天行程规律，减少多次选择造成的时间黑洞

头一天晚上列出待办清单，排列优先次序。

很多人都学习过时间管理技巧，对于妈妈们更加适用——每天的事情根据“是否重要”和“是否紧急”做分类：

- 重要紧急的。如，宝宝发烧了要送医院。
- 重要不紧急的。如，宝宝的奶粉快吃完了。
- 紧急不重要的。如，有电话来，铃声响个没完。
- 不紧急不重要的。如，冬天的被子要收起来了。

同时，将经常做的事制作出频率表，看哪些事可以集中一次完成：

- 比如去采购前做好购物单，一次性集中采购。
- QQ、微信在固定时间登录回复。
- 公众号等利用碎片时间来看，精简公众号，只看能够帮助个人成长的内容。
- 把微课收藏起来，在做一些不需要动脑的家务比如洗碗、拖地的时候听。

（2）做家务也可以是亲子时间

对大一点儿的宝宝来说，做饭时让宝宝也参与进来，可以让宝宝帮忙做一些简单的活儿。周末搞卫生，让宝宝自己学会收拾东西。我的女儿就非常喜欢帮忙捡玩具，并乐在其中。与宝宝玩不需要总是专门腾出时间，可以一边做事一边和宝宝玩，形成一个互动的过程。

（3）不断寻求做所有事情的最高效率的方法

因为时间少，所以只能打单位时间的主意，尽量在单位时间里完成多件事情。

比如健身，我一定会找一个专业的健身教练来指导，并在最短的时间内做高强度的训练，争取达到最大的效果——比如说，我会在跑步的时候加上坡度，或者在做深蹲的时候，加一条弹力带——这些小动作，可以让我用跟以前同样的时间，达到翻倍的效果。

4

最后，我想跟大家分享福布斯的一份全球十二名女性领袖的每日上午的日程表。

榜单里的这十二位女性都是其各自行业的佼佼者。她们的平均起床时间是早上6:03分！起床后第一件事是准备早餐，之后叫醒孩子，送他们上学。这十二位女性中，只有两位没有子女，因此她们在起床时间上拖了后腿（但最晚也是7点）。

我挑选了三个比较有借鉴性的分享给大家：

- 斯泰西·本迪特，设计师

我每天早晨4:45起床，之后吃一碗燕麦粥，练习一小时左右的瑜伽。

6点钟把我的心肝宝贝们叫起床，并为她们准备早餐——绿色牛奶（添加椰子汁的杏仁乳、香蕉和小菠菜）搭配全麦吐司，或者薄煎饼。在孩子们用餐时，我通常会跑到楼下更衣，之后给她们穿衣，梳头发。

8点钟，我们出门，我会顺道把孩子们送到学校。

我在8:45到达办公室。我会把工作的头一个小时用来独自思考设计理念。

斯泰西是纽约时尚潮流品牌Alice&Olivia的首席执行官兼创意总监（我非常喜欢的品牌之一）。

- 内尔·斯科韦尔，电视编剧

6:43　闹钟响起。不赖床。

6:50　冲咖啡；首先是做早餐，用微波炉加热松饼。

6:55—7:15　一边喝咖啡、吃松饼，一边查收电子邮箱、浏览各种网站。

7:15　关电脑。

7:15—7:45　为家人做早餐。在我做制片或者导演工作时，很难有时间与家人吃晚饭，所以我把重点放在做早餐上。我会煎饼、煎鸡蛋，十几年里，我们每逢周四都会吃法式薄饼。我会在头一晚调好面糊，之后根据每位家庭成员的口味，烘烤出新鲜的核桃、花生酱、蜜饯和香蕉味薄饼。

7:45　孩子们与丈夫一起出门。我把盘子和锅洗好。

7:50　重新打开电脑，查阅邮箱，浏览新闻。

8:15—9:15　锻炼（一周四天，在剩余三天的下午练瑜伽）。我在锻炼的时候只看电视，并利用那一个小时追我喜欢的电视节目。

9:15—9:30　沐浴，换衣服，可以不吹头发（太费时，在南加州，头发干得快）。

9:30—?　写作，写作，写作。我现在是一名自由职业者。我的丈夫称我是“流动工人”，因为我喜欢四处走动，在不同的咖啡馆创作。

内尔是一名影视编剧、杂志撰稿人。她目前正致力于《向前一步》的电影改编。

- 奥德丽·普恩特，纽约FOX电视台气象学家

6:25　收音机闹钟响起。

6:30　查阅邮箱、社交媒体、天气预报网站。

6:45　我四岁的女儿爬到我的床上，搂着我。

6:50　洗漱、穿衣服。

7:00　叫醒七岁的儿子并拥抱五分钟。

7:05　叫醒九岁的大女儿，然后聊五分钟。

7:10　开始做早餐。

7:20　告诉三个孩子起床穿好衣服。

7:30　准备学校午餐，吃早饭，然后给他们梳头发。

7:45　把午餐放进他们各自的背包，告诉他们每一个人去刷牙、穿鞋。

7:50　再催孩子们一遍刷牙和穿鞋。

7:55　又催一遍刷牙和穿鞋，为自己泡制一杯高蛋白饮品。

8:00　所有人出门，走到停车场。

8:20　送九岁的大女儿去学校。

8:30　送七岁的儿子去学校。

8:40　送四岁的小女儿去学校。

8:50　回家，收拾早晨的烂摊子，查阅邮箱、社交媒体、天气预报网站。

9:15　洗澡并准备工作。

10:20　离开家，前往FOX-5。

11:00　在FOX-5，开始一天的报道工作。

看完之后，有没有被惊讶到?

报道里说，尽管这些成功女性在每天早晨的习惯各不相同，但无论她们是设计师、医生、首席财务官，还是媒体大碗，她们的日常习惯已成为其成功的秘诀。

对于职场妈妈来说，养成良好的时间管理习惯，保持日常活动的一贯性和有效性，合理分配工作量，提高做事效率，可以让我们减少思考造成的心理负担，让我们专注于成功。

不仅是我们，对于很多已经成功的女性来说，工作中最大的挑战就是如何平衡家庭与事业。杨澜曾经说过，在生完孩子相当长的一段时间里，每次她收拾行李准备出差时，“就觉得做了一件特别对不起孩子的事”。

经过思考，杨澜觉得不能在愧疚感中过一辈子。“我觉得对一个孩子而言，更重要的是看到母亲和父亲如此享受自己的工作，享受自己的人生，他们如此地充实，见到这么大的世界，带回来这么有趣的故事，而且他们能够在孩子遇到困惑的时候给予一些指导。”

资料来源：福布斯Forbes The Morning Routines of 12 Women Leaders

给孩子最好的礼物是什么

记得我做母亲后的第一个儿童节，过得特别感动。看着怀里的那个小人儿，心里想着要把最好的都给她。

做妈妈很辛苦，尤其是头几年。怀孕期间，准妈妈们都憧憬着与宝宝相处的愉快时光；几个月后宝宝出生，妈妈们却发现面临各种考验，婴儿不会入睡，护理有问题，家庭成员不断给意见。各种焦虑和压力，影响着妈妈们照顾宝宝的能力，对宝宝的身体健康、心智成长发展带来负面影响，爸爸们也很大程度上受到困扰。

俗话说："快乐妈妈，快乐宝宝。"送孩子再贵的礼物，也比不上一个幸福快乐的妈咪。

1

我的一个美女闺蜜，一年前当上新妈咪。去医院看望她时，她一脸幸福。然而她出院三星期后的一天凌晨，我收到她的电话，一接通就听到她大声抽泣。

"Susan啊，我是不是真的这么娇气，这么不能熬呢？每个晚上，所有人都睡了，只有我不停地在换尿片喂奶中度过，但不知道为什么宝宝仍旧不停地哭！每过2～3小时就要喂一次奶，一天二十四小时，一周七天，体力已经到了极限，却没有一刻能得到休息！医院的护士总是跟我说，每个妈妈都会经历这些的，你必须要熬下去。但我真的熬不下去了！

"我是个很差的人奶制造机，奶本来就少，还是粉红色（因为乳头被咬破），辛苦吸出来又要丢掉（是妈妈都知道，扔掉自己的奶是一件难过透顶的事情）！现在我肚子全是橘皮，脸上全是斑，又胖又丑，我都不敢照镜子，很讨厌自己，你说，孩子没有我，会不会反而过得更……”

“打住！”我赶紧叫停，害怕她继续胡思乱想。我让她先去喝一杯水，洗把脸。然后再慢慢跟我说，今天到底发生了什么。原来，她先生一早去北京公干。先生在收拾行李的时候，她一直在房间里哭泣，先生却没有发现。直到她先生说，我一定要走了。然后转身关门。那一刻她终于崩溃了。

她说她望着窗户，问自己：究竟有没有人知道我在想什么，有没有人在乎我的想法？

“站在窗户边的那一刻，突然好想抱着宝宝，一起跳下去。”

调查表明，全球40%～80%的产后女性，会发生情绪不稳定、易哭、失眠和烦躁不安，轻微的状况为期短暂，而严重的会出现幻听、有被害的妄想、自残或伤害婴儿的念头。产后抑郁症大家都听说过，但实际应当如何应付？新爸爸的角色有多重要？

是不是熬一下，就真的能熬过去了呢？

2

在我预产期前两周，我去看了香港一个著名女中医，在中环的著名的中建大厦。她给我的坐月子秘方里的“产后常见病”，有以下这么一段：

情绪波动：中医四大经典（《金匮要略》）指为“郁冒”，多于产后第三天开始浮现，西医指“third day blue”，直至产后第三星期为关键，家人产妇应密切留意情绪。中医观点，血为思维活动的物质基础，有安神之用。产后大失气血，故有产后抑郁及记忆力转差的变化。

我公开这份医嘱的目的，是希望让各位——不管是新手妈咪，还是妈咪的家人朋友知道——妈咪的情绪波动和抑郁，并不是别人口中的“作”或无病呻吟。这是已经被古今中外的医生验证了的，因为生产而导致的并发症！

人们往往因为不了解某种病症，就很难体恤患者——比如说，一个人要是骨折了，别人很容易看得见，并会同情他。但产后抑郁的症状却不一样。

除了失血，还有荷尔蒙骤降、睡眠严重不足、涨奶、喂奶的各种状况（奶少的妈咪内疚，奶多的妈咪乳腺炎），三姑六婆的不同声音，尤其是孩子父亲角色进入迟钝，都是造成产后抑郁的原因。所以，如果再有人指责妈咪为什么无法控制情绪的时候，请告诉他：这是一个客观的病，就像你感冒发烧一样。请与我一起正视情绪波动，请给我耐心和爱，陪伴我度过这段日子。

3

防患于未然：产后抑郁有怎样的信号?

香港卫生署明确表示，要重视妈咪的产后情绪健康，及早识别产后抑郁症状，包括：

- 情绪持续低落、沮丧、忧愁、无故的哭泣。
- 对事物失去兴趣（甚至对孩子也失去兴趣）。
- 易怒。
- 食欲不振。
- 失眠或早醒。
- 经常感到疲倦及缺乏活力。
- 难以集中精神及做出决定。
- 自责内疚，感到一无是处和绝望。
- 过分焦虑，烦躁不安。

一旦出现这些症状，请告诉你的伴侣或朋友，及时看医生。

产后抑郁通常在产后3～5天开始出现，轻微的可以在几天内缓解，严重的可能持续一年或者好几年。如果没有得到及时治疗，妈咪很难照顾好自己。试想一个连自己都照顾不好的妈咪，又怎么可能照顾好宝宝呢?

4

曾经在香港疯狂转发的一个视频，讲的是一个从产后抑郁走出来的妈咪，对着镜头声泪俱下："人不是万能的，做一个妈咪也不可能万能，千万不要因为别人说什么而觉得自己一定要万能，否则很容易出事。"在该视频的最后，爸爸搂着自己的妻子，非常感慨地说："那个时候没有基本的了解，不懂得将太太的情绪波动跟抑郁症联系起来。"

"刚生产完，三姑六婆众多亲戚七嘴八舌各种意见的时候，作为一个丈夫，如何帮太太顶住压力？"他说第一件事情就是支持，让妈咪知道她不是一个人，她并不是一个人在这场"战争"里面！

一句简单的"我爱你""你辛苦了"和一个拥抱，都可以让妈咪感觉到，她仍然是受重视的。"我需要让太太知道，我是爱她的，也非常爱我们的家。"说完这句，视频里的新手爸爸新手妈妈相拥而泣。

5

那么，问题来了，如何做一个快乐的妈妈？爸爸们和家人们又该如何帮助妈妈们？我的方法是，承认情绪波动这个客观的存在，却不要给它打倒你的权利！

陪伴是最长情的表白，产后的陪伴尤为重要。理解妈咪刚刚经历一项大手术，尚未恢复，又要马上投入新生儿的哺乳、护理中，这对任何正常人来说都是经历了巨大的变化。新爸爸减少不必要的活动，争取时间照顾妈咪。妈咪向你说话时，要耐心聆听；妈咪向你提及她的难题时，不要以为你要帮她一一解决，她很可能只想得到你的安慰，而不是想你替她解决问题。

帮助妈咪停止消极的想法。爸爸们要明白，妈咪患上产后抑郁症并非咎由自取。爸爸们可以跟妈咪讲讲笑话，或者一起回忆甜蜜的时光。想想开心的事情，同时深呼吸，或借助冥想。

休息是最好的良药。确保妈咪有充足的休息，在妈咪不需要喂奶的时候，爸爸帮忙料理家务和照顾宝宝。

"零压力"带娃。孩子需要的是高质量的陪伴，而不是数量。美国儿童发展和行为专家Emma Jenncr说："花时间阅读书籍，唱歌，听音乐，散步，呼吸新鲜空气。每当醒来的时候，不要觉得你必须与宝宝互动，而是量力而为。”爸爸不要给妈咪压力，不要觉得“带娃是女人的分内事”。带娃绝对是夫妻两个人共同的事。

给自己掌声。爸爸们可以跟妈咪说：“你知道吗，你创造了一个小人儿哦，还有比这更神奇伟大的事情吗？”

向朋友们寻求帮助。夫妻一起与其他父母沟通和分享经验，建立支援网络。妈咪自己也可以跟有经验的朋友多沟通，心事不要闷在心里，更不要将自己孤立起来。就像我的那个闺蜜，我非常庆幸她在做傻事之前，找到了我。

夫妻一起抽时间进行休闲活动。散步、打球，运动可以让人心情放松。

必要时，借助药物并及时求医。如果情况较严重，请及时就医，看是否需要服用抗抑郁药物。此外，最近的一项研究表明，低水平摄入omega-3脂将有效抵抗抑郁症（注意：请遵医嘱使用）。其他如三文鱼、沙丁鱼等油性鱼类也有助于降低产后抑郁的发生。

我将以上的方法分享给那位美女闺蜜，如今她已经走出阴霾，并迅速怀上了二胎！不久前她带着宝宝跟先生逛街还被狗仔队拍到，看杂志照片里她一家其乐融融，很难想到一年前，她处于怎样的水深火热之中。

答应孩子，送他们一个快乐的妈咪，比每天送玩具重要多了。

福布斯榜上的女性

何为女神？一千个人心中有一千个答案。

每次看福布斯、看选美比赛都觉得这些离我们很遥远，不如在生活中寻找到自己的“爱豆”。有没有那么一个人，让你觉得非常优秀，但又不那么遥不可及呢？

我身边有很多这样优秀的内外兼修的女性，她们有的是律政俏佳人，有的是创业新星；有的精通投资，有的玩铁人三项；有的是明星御用设计师，有的是“90后”的美女制片人，有的在高考失利后奋起拼搏并成为驻外博士……

我挑选了身边的十位女神朋友，对她们进行了专访。虽然一早出了采访稿，但每读一次她们对事业、学业、生活和人生的感悟的时候，我都会发现新的闪光点。

在这里分享给大家，希望你跟我一样，备受启发。

1. 唐　芳

亮天文化传播有限公司创始人
香港“我们俱乐部”联合创始人
盛智文力挺的“80后”港漂
前索尼、耐克高管
北大全额奖学金，广东省高考状元

工作VS创业

在我那个年代，毕业后，顺理成章地去外企工作，现在想想，当时也不知道内心真实的需求，只是一味地奔着工资高和名气去。虽然在索尼和耐克的经历都很宝贵，但其实这些选择都属于随波逐流，被很多光环包裹着。

2014年从北京转到香港，到了一个精品的小型公关公司，老板是现美商会和前香港公关协会的会长，很有实力的美国人。但小公司是一种截然不同的体验，身上的保护壳被打破，一览小公司的日常运作，发现自己在自由和安稳之间，更喜欢的是自由和做遵从直觉的事情。很快地，怎么做企业，也心里有数了。

要说我自己擅长什么？除了对品牌、营销和活动发自内心地喜欢，客观地说，是明确的目标、热情、超强的执行力、沟通力和接地气。至于行业的门道、技能的纯熟和资源的积累，则是在创业的过程中逐步形成的。

如果是比较被动，不想操心太多事情的人，在一个机构之下稳定地工作，走专业晋升的路线，也是挺好的选择。

走适合自己的路，比看别人在哪儿走重要得多。

创业的最好时机

创业，永远没有最好的时机，也没有最差的时机，我觉得创业主要等待的是“自己”。

你要问自己对的问题。什么是对的问题，你可以想行业、资源、特长，哪些你没有，你有什么障碍。但你不能一味地想着这个，否则你绝对踏不出第一步。

所以，正确的问题是：

- 你有什么？
- 你具备什么？
- 在这个行业里能给你带来什么优势？
- 这个优势是不是可以持续的？

创业之初，救火是家常便饭，处理很多意想不到的状况，比如客户的、员工的，甚至家庭的，需要一颗强大、理性、冷静的内心，一切以大局为重、解决方案为先。

2. 贺 雯

大成Dentons律师事务所北京最年轻合伙人

清华法学院保送生

哈佛全额奖学金

二胎妈妈

律师行业

律师行业是一个工作强度非常大的行业。在成为合伙人之前，时常需要通宵熬夜。做香港上市项目的时候，阶段性地会有一周每天只睡三四个小时的情况。

生老大的时候，我工作到下午5点多，然后六七点钟去医院生的。生完老二几个小时，我就给外国同事回复邮件了，把外国同事吓了一跳。

哈佛

哈佛法学院给我印象最深刻的是课程的思辨性。我曾经选了一门合同法课程，教授是美国前司法部长，课前要读大量长达几十页的案例，上课的时候教授用苏格拉底式的提问方法，一连串的问题下来，学生自己都意识到了刚开始对案件分析的疏漏。

哈佛的学生对自己的要求都很高，虽然参加各种社团活动、派对，但是学习的时候绝对专注，工作的时候都有一种不断提升自我的追求。

3. 邹 钦

美范轻珠宝创始人

前华尔街金融律师

神州专车CFO

链家集团法务总监

放弃百万年薪去创业

乔布斯2005年在斯坦福大学毕业典礼上的演讲对我影响很大，他说，你要“跟从你的直觉”，第二是要“keep looking for what you love to do, and don’t settle until you find it”。

如果要给创业者建议的话，我的头两条会是“建设性自我否定”和“健身”。创业真的是修行，身心都会受到极大考验，一个都不能落下。

创业瓶颈

如何拓展自己的能力边界？

克服方式就是快速学习，没有别的办法。不了解的就去了解，不会的就赶紧学会，不认识需要认识的人，就赶紧去认识。

我晚上经常在公司待到比较晚，早已经没有了“上班”和“加班”的区分，反正醒着就是工作时间。

4. 刘庭芝

对冲基金高管

Z世代投资俱乐部创始人

时尚博主

清华大学校花、当年唯一新加坡学生

投资的意义

在华人的社会里，无论是中国还是新加坡，父母多数不会和孩子讨论理财。孩子们不知道如何管理财富：他们把新年的红包存在银行（或者被父母保管），长大后把薪水继续存起来，钱够了就付首付买房，然后在接下来的人生一直还贷。

投资是什么？如何去投资？即使问起高等学府的学生们，他们多数也无法回答这个问题。在他们的想象中，投资是枯燥无趣、乏善可陈的。我曾经也是这么认为的。

但开始工作后，我发现原来投资无处不在，与我们的生活密切相关，而且许多的投资原则也可以成为生活其他方面的原则。

举例来说，我刚进清华的时候还没有微信，大家都在用飞信，但从大一下学期开始，突然身边的人一个接一个开始使用微信。不仅如此，微信公众号/企业号如雨后春笋般涌现。再后来，微信支付的二维码出现在大街小巷，就连路边的烧烤都可以扫码支付。

我参与了这场数据化的革命，却没有发现腾讯（出品微信的公司）的股价已经悄悄从2012年我入学时的50港币涨到了我2016年毕业时的150港币。

其实我们都是这些服务的消费者，也是这些变革的参与者，但我们大多数人却缺乏投资的眼光。

投资除了可以保值、增加家庭财富，更重要的是它赋予你对世界更深入的了解，对世界上的事情的认识豁然开朗。拿就业来说，大学生就业时总是一窝蜂地去申请知名大企业，但绝大多数的人根本不知道公司盈利情况、行业发展、公司的市场定位等信息。找工作其实就是人生的投资，找到一个好企业并将自己作为资本投入，然后成为更有价值的一个人，这才是找工作的方法和意义。

金融行业需要专业对口吗

除了特殊的几个行业（如律师、医生、建筑师）外，大部分时候专业是不需要对口的。在金融行业里多的是非金融专业出身的。

所以千万不要让专业限制了你的可能性，想做什么就去做吧。

5. 素　素

SETC铁人三项俱乐部创始人

现协助国家队备战东京奥运会

俱乐部2018年中国铁人三项联赛年终俱乐部总排名亚军，2017年IRONMAN全球铁三俱乐部排名中国区冠军，2018年全球排名前100名

体育创业

中国人所说的“天时地利人和”不是没有道理的，对于体育俱乐部的创业来看，现在国家政策鼓励体育事业的发展。

创业最需要具备的就是心理素质和体能！我常常聊天说起，如果没有好的身体，根本无法扛住压力。我创业的最初期，一直与压力、焦虑相伴，处处碰壁，但是我依然不放弃，因为我坚信我可以！

此外，非常重要的是打开思路，无时无刻地保持学习状态，而不是“躺”在所谓的专业度上。

给上班族日常健身的建议

一定要保持良好的运动习惯，身体好了，才有抗压能力，才可以照顾到自己身边的家人。比如，保持每周3～4次的有氧练习，每次40分钟；做些交叉训练，比如游泳、自行车、跑步、力量训练等等。

6. 蒋婵娟

上海璞缔面包的创始人

双胞胎妈妈

曾任职雅诗兰黛、强生制药和汇丰银行

创业初衷

女儿八个月的时候，医生建议给孩子吃点儿白吐司。我跑了好几家连锁面包店，发现原料表上都写着“人造黄油/植物黄油”。我知道这是含有反式脂肪酸的不健康原料，于是萌生了开一家健康面包店的想法。

如果把面包店比喻成一座房子，那么好的质量、服务和价值就是这座房子的三根支柱。上海的餐饮竞争非常激烈，各种噱头层出不穷，但我还是想静下心来，从客人的角度出发，踏实做好产品和服务。

创业的准备

首先，扪心自问为什么创业：是对一件事有强烈的渴望，还是逃避现有工作，或是盲目跟风？后两种的话，建议再慎重考虑一下。如果内心有强大的驱动力，以及良好的执行力，就开始创业吧！

创业遇到的困难比想象中多很多，也比在外企工作辛苦很多。例如，在公司里遇到问题，有公司纲领或者过去的经验可以遵从，有老板的指导和帮助。共事的人受教育程度和工作背景都比较接近，沟通起来也相对顺畅。有时加个班，还能享受加班餐补或者调休。

可是在面包店里，你永远也不知道下一秒会碰上什么。也许是拿了钱就消失的设计师，用假币的作案团伙，谎称吃到钢丝讹钱的骗子，恶意举报的竞争对手。这里没有纲领，没有人帮忙，只有自己。刚开店的半年，从开店到打烊，我一天在店里站十几个小时是家常便饭。不过，假期综合征也消失了，因为开店根本没有假期。一年当中也就只有春节稍微休息一下。

给想创业的小伙伴的建议是：遵循内心，想好了就去做吧！

7. 尤　丹

“90后”影视制作人，独立策划，撰稿人。

北京大学艺术硕士

作品有电影《真相禁区》、影视剧《蔚蓝50米》等。

曾任电影期刊Deep Focus特约撰稿。为王小帅、施南生、赵涛、蔡成杰等电影人撰写人物采访。

2015年于时尚芭莎海峡两岸青年盛典获得最受大学生期待影片奖。

2017年获得国家广电总局网络视听节目“精选创作传播工程”年度网络视听优秀作品奖。

制作人需要哪些品质

勤奋和专注。当然也需要外部条件，需要一些天赋。

最大的困难是创作作品过程中的不确定性，因为制片人是单片制胜的，但是孵化一个影视项目其实是一个漫长的过程，一年到几年不等，人生中没有几个几年，有可能孵化到某一阶段，项目就做不下去了，也有可能因为你的专业和外部条件的天时地利人和，让项目又有转机或有新的可能。所以要耐得住寂寞。

职业规划

首先要明确自己的职业规划，到底要做什么行业，选对行业后再去想明白到底要做这个行业的哪个环节或哪个职位。要进行纵向的积累，做对个人IP起到累积作用的事。不要眉毛胡子一把抓。

最重要的是，如果一件事你不能做到极致，只是玩票性质，那不如不要让自己有太多选择。

关于人生

你的时间很宝贵。不要浪费在对自己没有意义的人和事上。你还要去验证，去判断，去分析，这些都费时费力。所以选好路就义无反顾地走下去，但是不要因为走得太远而忘记为什么出发。

8. 陈卫炜

伦敦大学亚非学院（SOAS, University of London）发展研究系博士。

于2017/2018年在埃塞俄比亚开展了为期一年的博士田野调查。其间亦兼任联合国国际贸易中心（ITC）–PIGA项目（埃塞）研究顾问。

2018年曾先后受中国驻南非大使馆、英国外交部（FCO）邀请对中国在埃塞投资现状做演讲。

高考失利

我希望以自己为例，鼓舞那些在十字路口迷茫、不知所措的年轻人。告诉他们，这个世界没有“宿命论”，也不存在“一考定终身”。决定自己命运的是你自己，是自己的行动。

我自己高考确实没考好，也很可惜与理想的大学失之交臂。但这不该作为借口去否认未来。

硕士预科时因为自己的大专背景，想申请SOAS的发展研究专业硕士相当困难（该专业常年在世界专业排名前5）。我用每科第一的成绩拿下了录取名额。后在硕士时遇到了我的伯乐（现在的导师Prof Carlos Oya）。他告诉我，他欣赏的并不是我有多么漂亮的简历，而是这种坚韧不拔的毅力。

在非洲考察的日子

在非洲确实很辛苦，食宿、生活条件都比不上伦敦或上海。最无法忍受的是被跳蚤咬，最后因为过敏送去中国医院打针，那些天人都是晕乎乎的。

但在埃塞俄比亚的一年，也是我觉得最充实、最开心的一年。和中国企业员工同吃同住，跑工地、工厂，陪同他们去和当地政府机构交涉等待。接触久了，才切身体会到他们在非洲的不易。这些珍贵的经历也更让我坚定决心，要继续坚持田野研究，为前方的企业提供更多研究支持。

9. 郭沛礽

英学国际教育的创始人兼总校长

2016年CCTV“中国创业榜样”人物称号获得者

全球唯一华人雅思考官培训官

工作的四种境界：

第一种，不聪明，不努力工作，这样的员工很快会被淘汰；

第二种，努力但不聪明工作，这样的员工无法快速成长；

第三种，聪明但不努力工作，这样的员工需要一定的时间去沉淀、成长；

第四种，也是最高境界，既聪明工作，又努力工作，我特别欣赏这样的人才，也非常欢迎他们加入我们公司！

给职场人的建议

我觉得我今天事业上比较顺利的其中一个原因是我从小就比较珍惜每

一个机会，会比别人更加积极做好当下的工作。

十六岁的时候，我在《厦门日报》实习，把主编交代给我的每一件事，都尽力做好。比如校对一篇文章，别人可能看一遍，而我会看3～5遍，反复检查确保万无一失。后来上级也给我更多的工作，我并没有抱怨，反而觉得能者多劳，欢迎更多挑战。当然，我同时也思考如何提高效率，帮上级和团队更好地解决问题。

后来，在上级还没安排工作前，我就提早预想她会需要我做哪些工作，举一反三，再三思考和总结。后来，日报的书记有一天约谈我说："小郭，很多人跟我说你工作很认真，靠谱！"他就推荐我去做了厦门市市长的翻译。

我后来发现每一个任务只要做好，都是一个给别人欣赏你的机会。你永远不知道哪一件事，可以让身边的人感动给人留下深刻的印象，当有机会的时候，大家就会想到你。

10. 陈野槐

高定时装GRACE CHEN创始人兼设计师

被媒体誉为"永不设限的设计师""Power Dresser of China"

刘晓庆、林志玲、赵雅芝、张静初等明星御用设计师

设计师的一天

我99.5%的时间都是在工作，基本一直处于工作状态中。

作为公司的创始人兼设计师，我工作的时候，脑子是分成两半的：一半是在做日常的公司的管理，另一半是我做设计师的一部分。

每年有一两个月的时间，我们会在全世界各地出差、旅行、参加活动。对我来说一年最起码要去五六个不同的地方，伦敦、纽约、巴黎、摩洛哥。除了春节的十几天，一年基本没有休息的时候。

所以做品牌不容易，要比别人多五六倍的付出，如果没有决心和精力真的很难做到。

如何培养时尚的情操

重要的是培养自己的审美观。你要有见识，要经常去看，去经历，要全面了解人、世界、艺术、历史，等等。你要有自己的眼光，自己理解事情的角度。

将来想要成为设计师，并不只是会画画就好了，还要比旁人具备更多发现美的眼光和表达美的能力。

合作的明星

明星里面我接触得比较多的是刘晓庆和林志玲。她们两位都是非常优秀的女性。别看刘晓庆六十出头了，每天要锻炼两小时。不说其他，能够坚持两小时运动的人已经非常少了！她在这方面做得很棒，身材很好。我很佩服她，而且她人也很棒很随和。

林志玲虽然确实说话很嗲很娇气，表面看起来柔情似水，这位女性绝对是外柔内刚，很有自己的定力，很有力量的人。这两位都是很有事业心的女神，非常值得大家学习。

在我眼中的女神朋友们，绝对都是美丽与智慧的集合体。

她们独立、聪明、勇敢、不攀附、不将就、坚持追求自己的幸福。她们都有扬在脸上的自信，长在心底的善良，融进骨里的坚强和藏在心里的坚持。

生活永远都是自己的。要想成为自己想要成为的人，就要努力活出自我，活成自己喜欢的样子。

第八章

Chapter 8

那些

关于我的 标签

北大学霸：一塔湖图，我心中永远的那方净土

初中毕业的暑假，爸爸带我来到北京旅行，用心良苦地安排了北大和清华的“一日游”。

所谓“一日游”，其实就是坐着的士在学校门口转一圈。

当时北大西门还是对外开放的。北大的西校门是北大最有标志性的校门，古香古色，庄严典雅，“北京大学”四字是根据毛主席在1950年给北大校徽的亲笔题字放大而成的。西校门内正对着一座精心雕镂的石桥，穿过石桥是高高耸立的从圆明园迁来的两座华表。往南的一片绿地和荷塘，是明末画家米万钟的勺园故址。当时正值盛夏，满塘的荷花开放，蜻蜓在荷叶和莲蓬间起舞，让人心旷神怡。

驶入西门后，的士师傅开车的速度变得特别慢。他操着浓郁的北京口音说：“这校园里面全部都是金蛋蛋，撞着一个可不得了！”

从那天开始，我心中就种下了燕园梦，从此生根发芽。

三年后，我竟然真的考入这所中国最高学府，登上了这座神圣的学术殿堂。

在《我们的青葱岁月》采访中，我邀请了十二位“北大人”来分享那些不为外人知晓的北大趣事。在北大四年的点点滴滴，是我人生中非常美好的一段回忆，至今依然对我产生着深远影响。

1. 一塔湖图

北大校园里流传着这样一句诗，“融融未名湖，巍巍博雅塔”。

凭良心说，北大绝对是我见过的最美的校园。而提到北大，“一塔湖

图”——北大的博雅塔、未名湖和图书馆，绝对是大家最先想到的风景。至今我依然记得夏天未名湖畔的垂柳，博雅塔的清澈倒影和冬天湖面结冰后在上面溜冰的同学们。

我入学第一年的冬天，北京早早地下了第一场大雪。我们宿舍四个同学全部来自南方——广东的嗡嗡，海南的小沐和婧婧，还有桂林的我。作为第一次看到鹅毛大雪的南方人，我们激动得冲出宿舍大喊大叫，在雪地里打雪仗、堆雪人，任晶莹剔透的雪花粘在睫毛上、嘴唇边，轻轻一抿就化掉了，似乎还有一点儿甜甜的味道。

那兴奋劲儿至今都在我脑海中萦绕着。我们四个人在北大的第一张合照，就是在白雪皑皑的未名湖畔。

每年一到12月，宿舍开始供暖气之后，大家就开始盼望着未名湖结冰。每个人都不想错过在未名湖溜冰的机会。光华管理学院的Troy说：“以至于毕业很多年后在纽约的洛克菲勒广场溜冰，我脑海里还是浮现出未名湖的场景。”

至于北大的全亚洲最大的图书馆，里面虽然很安静，但绝对是各种最强大脑碰撞出火花的地方！同学们都是一个书包加一个保温水杯，就在桌子上温习起来。很多人天还没亮就进了图书馆，来晚了没有占到座的同学，索性就垫着书包坐在地上，旁若无人地看起书来。

经济学院的Penny说：“在人才济济的北大，一不小心，坐在你前后左右的同学，不是各地状元，就是各种竞赛金银牌得主，还有可能是奥运冠军——李宁、刘璇、陆莉、罗雪娟、周继红、莫慧兰等，都曾经在北大深造。

“看来之后的日子不好过了，可是转念一想，我可是多了那么多可以请教学习的伙伴呀！”

我想我在北大四年最“值钱”的物品，就是北大图书馆的“借书卡”。

2. 燕园初感受

对于很多学子来说，迈进北大那一刻，都对即将到来的大学生活满怀期待。而我却没有家人预想中的那么兴奋。那是我第一次长期离开家乡。

我和爸爸妈妈坐了超过二十四个小时的绿皮火车来北大报到的情景，直到今天还历历在目。

就好像医学部的YY说："每年到了8月底，我仿佛又看到开学典礼那天父母远离校门时渐渐被泪水模糊的背影，在古朴大气的红楼典礼上我竟然什么也没听进去，任泪水浸湿着诺基亚粗糙的键盘。当时那强烈的背井离乡的孤独感又一次涌上心头。"

刚开始大学生活的我，突然很自卑。我觉得自己的南方口音在北京同学面前变得很滑稽，我的打扮是那么不入时，我的见识比大城市的同学们明显差了一大截——我甚至连麦当劳也没有吃过！我开始模仿北京同学的口音，所有的词后边都要加上"儿"话音，想要跟他们打成一团。现在觉得自己很可笑。

因为喜欢打排球，我很快投入排球队的训练。一个月后，我突然完全适应了。回想起来，我也很惊讶自己的适应能力。

对于很多人来说，大学生活是我们迈向独立的真正第一步。我们终于像离巢的小鸟，展翅高飞。过程中有期待、兴奋，也有不舍、彷徨。感激的是，北大给了我一个广阔的天空。

我的宿舍在37楼，当年算是最新的宿舍楼了。

北大宿舍晚上统一11点熄灯，往往一阵骚动之后就是开着应急灯度过的"夜生活"。在北大，真的是人手一个应急灯，不是为了半夜上洗手间，而是为了在宿舍和自习室里，开着应急灯继续自习。这种刻苦程度真的是让现在的我都望尘莫及。

光华管理学院的Troy说："北大宿舍是复合了堕落与勤奋两种元素的奇妙世界。宿舍是喧闹的游戏厅和棋牌室。转角到了自习室，马上是求知的殿堂，只有簌簌的翻书声和沙沙的笔记声。北大学子就是这样自如地游走于两个世界，忠诚地践行'努力学习，努力玩'。"

北大跟清华在地理上隔得很近。关于北大人和清华人的相爱相杀，有一个调侃的笑话："知道清华离世界一流学府的距离有多少吗？""答案是，从清华大学西门出发，左转再左转，大概一千米，看到中关村就到了。"——熟悉北京的读者肯定都明白了，这里指的是北大东门。

北大人不要得意，因为清华人也有同样的版本，只不过名字要对调一下。

还有很多人说清华男生要来北大找女朋友，说实话，北大的美女真的是很多很多，不过清华的美女也不少，我自己认识的就有好几个。

北大南门外的小区，紧挨着北四环，四环里面就是代表中国科技发展前沿的中关村。

跟所有大学一样，校内的信息传播平台就是BBS论坛。上面有各种考试的“宝典”、求职面经，也不乏各种八卦。话说，我们宿舍的毕业照片还上了BBS论坛的热搜榜。那时候没有微博微信，不然我们可能就红了呢。

3. 顶尖学术

风风雨雨走过一个世纪的北京大学，名师荟萃，每一个老师在其领域都是泰斗级人物。我们国际关系学院当时的院长是原国务委员兼外交部部长、国务院原副总理钱其琛。

我印象最深刻的第一节必修课，是柏拉图的《理想国》。《理想国》又译为《共和国》，是柏拉图的代表作之一。这堂课对我来说是个很大的挑战——古希腊哲学家的思想本来就深奥，关键是课程是用全英文教学！大家可以想象一下，全英文读柏拉图，那是何等生僻枯燥的英文版文言文啊！

我们系统地学习了政治学和外交学的知识，从研究苏格拉底、探讨柏拉图开始，深入浅出，到从经济、政治、军事、文化等各个方面分析当今世界格局。

除了专业课，还有很多名家大师的选修课，无论正课还是旁听课都会有所收获。

北大还为大家提供了各种“双学位”的机会。我自己选择了林毅夫教授的经济中心双学位。每次上这位世界银行前副主席的课，总是要提前半小时去占座，不仅有经济中心的学生，还有很多别的系的同学来“蹭课”，更有许多外校甚至社会人士慕名而来“旁听”这位大师对世界和中国经济格局的真知灼见。

也许到了今天，我们不一定完全记得柏拉图对于国家和政体的看法，也不一定完全记得林毅夫教授的比较优势发展论，但我们肯定记得北大教会我们的这一样东西——那就是时刻保持自己的求知欲和对世界的好奇心。

我很喜欢光华学院留学生Kevin说的一段话："在北大的氛围下，每分每刻都能学习探究事物的原理。成绩固然重要，但更重要的是要培养自学的能力，毕业以后保持对不同的事情探索的好奇心；学会理性分析问题的思维方式，在人生漫漫长路都能迎难而上。"

4. 社团活动

拿到北大录取通知书的那一天，我就头脑清醒地告诉自己，未来大学的这几年，我不需要再证明我的智商或考试能力，但我必须要发展我以前没有时间去发展的能力——无论将来是读研、出国还是工作，到了最后，我还是需要走向社会的。我要多参加社团活动，锻炼自己的社交能力、领导力，多结识朋友。

北大每年都会"百团大战"，想不到学霸们竟然都那么多才多艺吧。

在此列举两个北大有名的社团：模拟联合国——主要由我们国际关系学院的同学组织；AIESEC——我自己也参加了，这是一个全球最大的非营利性学生组织，在海内外各大高校都有分社。后来我到香港、英国、美国，认识新的同事，跟他们也因为曾经参加AIESEC而马上有了共同语言。

北大每年最大型的活动应该就是"校园十佳歌手"了。我参加过一届，不过很快就被刷下来了，在北大才艺双全的人实在太多了。还记得我参赛的歌曲是*Silence All These Years*和孙燕姿的《风筝》。

在北大认识的同学和朋友，都成为我人生道路上珍贵的财富。

医学部的YY说："我这辈子最好的朋友都是在北大认识的。将来的岁月里，即使咫尺天涯也要常常保持联系。在你跌宕起伏的人生里，任何时候的一句问候都有可能成为一次安慰、一次鼓励甚至促成一次合作。"

5. 国际交流平台

每年，从世界各地慕名而来的留学生很多。尤其是在我们国际关系学院，留学生占了30%。其中韩国学生占了多数，在韩风还没有吹起来的时候，我已经学会了说“欧巴”。其次是美国、日本、加拿大、新加坡、越南的留学生。记得有一个日本留学生上台发言，他一开口，我们全班都被震惊了，因为他讲了一口非常标准且流利的普通话，甚至比我说得还好！

北大还为我们提供了很多国际交流学习的项目。我们宿舍的四个女生，其中三个都去了其他学校做交换——日本早稻田大学、丹麦哥本哈根大学和我去的香港中文大学。

我经常想，如果当年没有参加交换生的项目，我的人生轨迹也许会很不一样。

感谢北大给予我们这个广阔的“看世界”的平台，让我们懂得如何保持一颗开放而包容的心，跳出自己的舒适区，去认识、接纳这个世界，并推动这个世界的进步。

6. 北大的澡堂和食堂

这里必须单独提一提北大的公共澡堂。

撒贝宁在参加《非常静距离》时说：“在北大那会儿，洗澡是一件很痛苦的事，因为人太多了，澡堂子就那么大点儿，所以经常大家拿着盆，排着队等半天。”

在北大，“占座”的本领是绝对需要的——上课要占座（北大的名师真的太多了），去图书馆上自修要占座，吃饭要占座，连洗澡也要“占座”。

对于跟我一样的从未进过澡堂的南方同学来说，这个公用大澡堂差点就是人生的一道坎儿。来自福建的国际关系学院的Yin说：“记得第一次进澡堂子，放眼望去，一排排水龙头下白花花一片都光着身子在冲澡。我的脸‘唰’地一下子红了，愣住了，羞得就往宿舍跑，我不洗澡了！可是怎么办，不洗澡不行啊。

“于是，我跟着宿舍同学，硬着头皮再次来到了澡堂子，我告诉自己，这次闭着眼睛也得洗个澡。就这样，糊里糊涂地在澡堂子里随便冲了个澡。有了第一次之后，慢慢地，我发现在澡堂子洗澡乐趣也是多多的，不仅可以跟宿舍同学一起搓搓背，还能大家伙儿一块儿聊天，多愉悦的事情呀。就这样我适应了北方人的澡堂文化了。”

但对于我来说，我至今依然不太能接受北方同学互相搓背的习惯，真的太难为情了！

最让人哭笑不得的一件事情是，一次我在澡堂的更衣室里，看到一个女同学光着身子走来走去，大概走了五分钟。我问她：“同学你需要帮忙吗？”她说：“哦，没事，我忘记带浴巾了，所以多走几圈，风干我自己。”

想想当年洗澡也的确是艰苦，尤其是冬天，澡堂里没有吹风机可以用（澡堂里没有可接电源），大家就顶着湿漉漉的头发，在雪地里从澡堂走回宿舍。往往走到宿舍门口的时候，我的头发已经冻成了一条条“冰柱”，回到宿舍还要想办法“解冻”。

听说现在北大的宿舍里都有空调了，每个房间也装上了浴室，现在的学生不会再像当年那样“坦诚相见”了，但似乎也少了这些有趣的回忆。

北大的食堂很多，农园、艺园、学五、学一、康博思是我经常去的。比较喜欢的是学五，因为便宜，经常三块钱就能吃得很饱。还有农园二楼的小鸡炖蘑菇，记得非常清楚，3.5元，荤素都有了，还可以有一点儿汤汁拌饭吃。康博思有燕园最好吃的鸡腿饭，七八块钱的套餐，当时感觉特别贵，来到康博思绝对就是奢侈一下。学一菜量最大，也卖得最快，经常过了饭点就空了。这里的“狮子头”绝对是网红菜品，全校每个人应该都吃过。

关于我的北大情结，可能几天几夜也说不完。

赶着一百二十年校庆的日子，我又回了一次北大。重新走在熟悉又有点陌生的路上，看到理教门口路上的毛毛虫，国关楼旁的网球场，宿舍楼下的开水房，百年纪念大讲堂旁我第一次看《肖申克的救赎》《美丽人生》等经典影片的播放厅……我脑海里突然传来北大校歌——“忆昔长别，阳关千叠。狂歌曾竞夜，收拾山河待百年约”。

经常梦回燕园，梦里的天好蓝，我们吃着西门鸡翅、小南门的麻辣烫，逛着五道口的服装市场，骑着自行车穿梭于各个教学楼，赶着早上3点起床到天安门看升国旗；醒来，告诉自己——要永远年轻，永远热泪盈眶，永远在路上。

古语有云：“大学之道，在明明德，在亲民，在止于至善。”在北大，我们学习的不仅是广大无边的学问，更是养成一种人文精神。

感恩北大让我能站在巨人的肩上看世界，从此开创一片新天地。

《我们的青葱岁月——十二位北大人告诉你那些不为人知的事》（原文标题）

特别鸣谢：

YY：毕业于医学部，现为妇产科医生

Yin：毕业于国际关系学院，现为英学国际教育副总裁、合伙人

周凯莉：毕业于新闻与传播学院，现为媒体界大咖

Kevin Lee（美国籍香港留学生）：毕业于光华管理学院，现为餐饮业企业家

Troy：毕业于光华金融系，现为金融才俊

华尔街之狼：投行人的生活

乔丹·贝尔福特，十六岁时四处兜售龙虾和牛肉，却在三十一岁坐拥上亿资产，被《福布斯》杂志誉为“股市中的罗宾汉”。然而很快这一切又如梦一般破灭，他被美国联邦政府指控犯有诈骗罪而被送进监狱。

如果你不知道贝尔福特是谁，你肯定看过莱昂纳多主演的电影《华尔街之狼》。电影讲述了一个有关贪婪、权力和无节制的华尔街股票经纪人的故事，里面充斥着令人瞠目结舌的赚钱、花钱方式，酗酒、洗钱、商业阴谋等让人肾上腺素直线上升的情节，据说还吸引了布拉德·皮特与莱昂纳多争相出演这部由一本自传改编的电影。

而这本自传就出自贝尔福特。之所以取名为《华尔街之狼》，贝尔福特说当年在华尔街的他，曾像狼一样勇敢，也曾如狼一样贪婪。

看了电影之后，大家不禁要问，华尔街的生活真的那么奢靡吗？

华尔街是纽约市曼哈顿区南部从百老汇路延伸到东河的一条大街道的名字，是英文“Wall Street”的音译，原意为“墙街”。广义上的“华尔街”，指的是对整个世界经济具有影响力的金融机构，包括投资银行、证券公司等。

华尔街街道狭窄而短，全长不到一千米，却聚集着两千多家金融机构、四十万金融从业人员，是世界上就业密度最高的地区，至今仍是几个主要交易所的总部——如纳斯达克、美国证券交易所、纽约期货交易所等。

这里的竞争异常激烈。你必须击败北大、清华、美国常春藤和全世界顶级高校的精英，才能在这里有一席之地；当然这份工作的回报也非常吸引人——华尔街金融从业者的薪水约为其他常春藤名校毕业生薪水的三倍，这还不算年末的分红。

我也曾经是“华尔街”的一分子。

1

大学毕业，在伦敦的培训结束后，我转战纽约。

走出纽约肯尼迪机场，一个黄色出租车停在我面前，司机是一个包着头巾、留着胡子的阿拉伯大叔。大概开了四十分钟，前面一座直入云霄的巨大城池迎面而来——这就是著名的纽约曼哈顿城区，是我未来六个月工作和生活的地方。

公司早已经安排好的酒店式公寓处于第48街与百老汇大道，对面是摩根士丹利的总部，房间望出去就是著名的时代广场。办理了入住手续后，我冲到街上迫不及待地买了心心念念的“I HEART NY”白色T恤。

漫游在时代广场，面前是巨大的美国股票交易市场纳斯达克总部的屏幕，两边是百老汇各部著名歌剧的巨幅海报，正在上演的有《狮子王》和《芝加哥》。身边经过各色人种，除了兴奋的游客，就是健步如飞的绅士们——你可以透过他们笔挺的名牌西装看到常年健身才有的健硕肌肉；或是身姿曼妙的女郎们——脑补一下“穿着Prada的恶魔”或是“绯闻女孩”吧。

我终于明白为什么大家说“you want to be single in New York”（在纽约你会希望自己是单身的）。

公司总部位于著名的第五大道，旁边是布莱恩公园和纽约中央图书馆。

投行的“交易大厅”有个独特的设计——整层楼是公开畅通的，里面放着一排排的长办公桌，连会议室用的都是透明玻璃，可以清楚地看到里面人的一举一动。也就是说，整个一层楼就是一个大型办公室，从大老板到实习生，都在同一个空间工作。当时掌管全美几千人的销售总监，就坐在跟我隔三个椅子之外的座位上。

这样的设计是华尔街的传统，也是金融监管局的法规要求——交易的透明性。

初来乍到的兴奋劲儿还没过，我就被告知将要开始“朝五晚七”的生活：我所在的“新兴市场销售”部门，客户遍布拉丁美洲、中欧、中东以及亚洲，跨越全球二十四小时的时区。而我作为部门成立以来第一位来自中国的管培生，接受的第一个任务就是每天与我们公司身在香港的交易员进行通话，记录下当日亚洲市场的交易详情，以及交易员们对未来十二小时的市场预期，最后精简成五句话发送给在美国时区的客户们。

由于身处香港的交易员们在每天下午6点半前就会离开公司，我必须在此之前给他们逐个打电话。当时纽约已经进入了冬令时，纽约与香港的时差为十三小时，这意味着我每天要在早上5点前完成这项工作！

每天天还没亮的时候，我就匆匆赶在百老汇大街上。两边的店铺全是大门紧闭，街上行人寥寥，还经常有流浪汉伸手过来向我要零钱。现在回想起来都觉得有安全隐患，但当时的我，一心只放在能否赶在香港的交易员们回家之前完成今天的第一个任务。

整整半年的时间，除了偶尔的周末，我基本没有见到曼哈顿的阳光。

2

过了几个月，我轮换到一排之隔的美国债券交易部门。这边的气氛就完全不同了，每个交易员面前都比别的组多出了好几个电脑屏幕，上面有彭博用户端发送的滚动新闻和最新市场数据。我见过交易员屏幕最多的有六个，堆在面前好像一座山！

开盘的时候真的跟电影里的一样，争分夺秒，毫不夸张地说，有时候就是几秒钟的时差，市场的价格就发生了翻天覆地的变化。

而交易员们也是整个交易大厅最“财大气粗”的，对销售部门也是又爱又恨——他们需要销售员帮助将手中的货卸掉或买进，而同时，销售员有时候为了客户的利益以及交易的完成，也会将交易员的利润压得很低。

有一个年轻的交易员，是个犹太人，大家背地里都说他是“冉冉上升的新星”，他有敏锐的直觉和当机立断的决策力，很会赚钱，老板甚至将公司自己的资产交给他负责，这在行内叫作“prop trading”。

这一年，次贷危机在美国已经显露，其中，固定收益、债券则是受影响最大的资产类别。

我在本书提到过，在交易组，每天上下几亿美金的P&L是常有的事情，人就好像在坐过山车。老板为部门所有交易员买了“出气鸡”的玩具，一听到出气鸡的“惨叫”，我们就知道可能出事了，有人亏钱了。

但如果有一天行情真的非常非常差，那么什么声音就都没有了。大家一片沉寂，只有在心里哀号。

3

当然我们也有苦中作乐的时候。

华尔街很流行一种“博彩文化”，他们最喜欢的“消遣”就是打赌谁会在多少天内减肥多少斤。

很多人想不到的是，我也加入了这一“战列”。

不瞒大家，我从降落伦敦开始，体重就“嗖嗖”地往上涨。等到了纽约，我已经比毕业前增加了二十磅的体重，让我爸爸妈妈大跌眼镜！以致从美国回国后的两年时间，他们每天都打电话叫我减肥（真的是亲爸妈没错）。而在美国，作为亚洲人是绝对不会觉得自己胖的——因为比你更胖的满大街都是；关键是，无论任何体形、长相、人种，大家都很自信。

但不管怎么说，在华尔街工作的人都很注意形象。我印象最深刻的是一个白人高管，在两个月内减了五十磅！前后判若两人！问他方法，就是运动加节食，以及高度的自律。

顺便说一句，纽约的地铁脏兮兮的，经常看到乱窜的老鼠，但这似乎并没减低纽约的魅力，更不会降低纽约作为世界金融中心的地位。

4

从美国压抑的次贷危机气氛中回到中国香港，简直就是回到了一个生机勃勃的新世界。

我被当时最火爆的“衍生金融产品销售”组选中。这个组在前一年的分红是整个交易大厅最高的，据说连年尾才进来的新同事，也能拿到等同于十二个月工资的奖金！

金融衍生品是一个比其他金融产品都复杂的金融产品，具有高杠杆、高风险、跨期性等特点，投资人需谨慎，进入的门槛也很高（无论对于从业者还是投资者）。在这里，我需要系统地学习所有关于远期、期货、掉期和期权的知识，甚至要比别的部门同事多考一个衍生品资格证书，才可以跟客户谈生意。

大概过了半年，我的管培生合同结束了。这个时候，公司要根据我过去一年的表现来决定是跟我签正式的全职员工合同，还是结束我们的雇佣关系。那段时间，次贷危机从欧美蔓延了过来，发展成为波及全世界金融市场各个层面的金融危机，香港也难逃一劫。

我还记得很清楚，那是2008年9月的第二个星期五，也是人力资源部宣布雇佣结果的日子。

那天早上，我们部门的总管Kenny踱步到我的座位旁边，跟我说了一句意味深长的话。他跟我说："If you are worried, don't be. We have already taken you."（如果你正在担心的话，不需要，我们已经决定要你了）。Kenny是一个非常儒雅的澳洲男士，有三个混血儿子，在衍生品市场有二十多年的经验。当时我还半开玩笑地回复他："I am not worried. Not at all."（我完全不担心，一点儿也不！）——我要表现出自信心，从气势上让老板觉得我可以胜任这份工作！

结果过了那个周末，我就发现，I absolutely should be worried（我绝对应该担心）！

紧接着的那个星期一，成立于1850年曾为美国四大投行之一的雷曼兄弟宣布申请破产！美国股市率先受到严重冲击，当日道琼斯工业指数暴跌500多点，跌幅超过了4.4%。在中国市场，9月15日正值中秋节假期，假期后的前两天，上证指数分别暴跌4.47%和2.9%，失守2000点大关。

在香港，假期归来后，办公室的气氛明显不太对劲了。雷曼兄弟曾是华尔街的"五虎"之一，竟然顷刻倒闭。投行的圈子很小，大家多少都有在雷曼工作的朋友，公司里不少高层之前也在雷曼工作过。有一个同事说，他上周才跟雷曼的朋友吃过饭，对方还很乐观，觉得美国政府肯定会想办法，完全没想到今天就要打包走人了。听到新闻的那一瞬间，我忽然明白了老板话里的意思。我非常感激他能看重我的潜力，在这个关键的时刻，留下我这个刚刚入职的毕业生。

香港市场也毫无悬念地遭受了波及，尤其是衍生品，突然从上一年的“明星产品”成为众矢之的；曾经为部门带来巨大利润的产品“Accumulator”成了新闻里曝光率最高的名词。“Accumulator”译作“累计股票期权”，是风险级别为最高级别5的复杂金融衍生品，可以与股票、外汇、期货等资产挂钩。金融风暴期间，很多投资者都因为过度使用杠杆，导致身家缩水，甚至欠上巨额债务。香港媒体基于其英文谐音戏称其为“I kill you later”（我晚一点儿杀你）。

让人大跌眼镜的是，即使在金融危机席卷全球的情况下，中小型客户可能销声匿迹了，但超高净值客户依然保持着每天上亿的成交量。

香港话里“百万”这个单位俗称为“球”。我经常听到同事对着电话叫，“几球啊？哦三球？但这个产品有这样或那样的潜在收益哟，不如五球吧？我努力给你再降低零点几个点的费用……”听上去跟在菜场里讨价还价没多大区别，但交易的计价单位却是天壤之别的。

5

当然，见惯了大风大浪的华尔街之狼们，都有很强的抗压能力；尤其到了该娱乐的时候，也一定完美贯彻华尔街“工作的时候努力工作，玩儿的时候好好玩”的传统。

每年的圣诞派对，绝对是全公司员工的狂欢夜。这一天结束后，大家就换上用尽心思准备好的各种有创意的戏服，陆续从中环的公司走到兰桂坊。沿途总是吸引众多路人的目光，有的游客还会冲上来要求合照。

一次差点让我笑喷饭的场景，是一个打扮成怪兽“哥斯拉”的同事，在临走前突然要回复客户的邮件。从背后看过去，就变成了一只对着三个电脑屏幕打字的哥斯拉……

不过，华尔街的生活方式并没有电影里面那样纸醉金迷。对于比996还辛苦的我来说，一旦有时间，我只想补觉。

随着时代的变迁，华尔街巨头们也在转型。面对人工智能的挑战，这个行业正在发生剧烈的变化。高盛集团高管曾表示，过去10多年内，高盛纽约总部有六百个交易员岗位被两百个电脑工程师所取代。黑石集团也宣布，解雇包括多名投资组合经理在内的四十多名员工，他们的大部分工作将由人工智能交易取代。

当年的华尔街之狼，现在也经常戏称自己为“金融狗”。

然而不变的是，人类追求财富的本性。从四百多年的金融历史来看，正是这种对财富的追求和积累，推动了人类社会的发展。如马克思所说，交易所是豺狼，但如果没有资本市场，现在也许还没有铁路。

好像电影《华尔街之狼》的结局一样，现实中的贝尔福特因为对金钱的狂热偏离了人生轨道，最终被判入狱。贝尔福特在刑满释放后，洗心革面，成为美国最著名的励志讲师，而他的演讲总是以这句话结束：

“如果你想变得富有，就要全身心投入。”

门萨会员：高智商人的智商税

2015年11月，我刚刚在马尔代夫降落。到达酒店的第一件事情，就是连上Wi-Fi，查询几星期前考的门萨成绩。

意料之中，邮件里写着“Welcome to Mensa!（欢迎来到门萨）We are pleased to inform you that, based on your test score, your intelligence quotient（IQ）appears to be in the top 2% of the population.（我们很高兴通知您，根据您的考试成绩，您的智商（IQ）水平处于总人口的前2%）”

门萨是世界顶级高智商俱乐部的名称，在媒体眼中一直是一个低调而神秘的组织。

1. 关于门萨

门萨的英文名称是“MENSA”，是拉丁语中“圆桌”的意思，寓意是希望人们能够平等地坐在一起——当然前提是智商相近。

门萨俱乐部于1946年成立于英国牛津，创始人是律师罗兰德·贝里尔和科学家兼律师兰斯·韦林。当时，这两位自认聪明异常的人突发奇想，编制出一些高难试题以测试智商，受到广泛追捧。兴奋之余，贝里尔和韦林干脆成立了一个俱乐部，号召高智商的人士加入。

门萨俱乐部的宗旨是：

（1）从人类利益出发，确认、培养以及巩固人类智商。

（2）鼓励开发研究人的智力本能、特征和用途。

（3）为其会员提供宝贵的智力刺激、交流和发展的机会。

门萨多年来坚持中立和非政治、非营利的原则，至今不变。

到目前为止，门萨俱乐部拥有十二万多名会员，遍及世界一百多个国家和地区。除南极外，各大洲超过四十个国家都设有它的分支机构。据报道，门萨目前最小的成员是入会时仅有两岁四个月大的来自英国的Elise Tan Roberts。

2. 如何进入门萨

参加门萨的唯一途径，是参加门萨考试并脱颖而出，证明自己有高达148或者以上的智商。

高智商的定义到底是什么？根据统计，成年人的平均智商约为100，如果超过了148，即为全球人群智商的Top 2%，被视为属于高智商人群。传说中霍金的智商为160，爱因斯坦的智商是165，达·芬奇的智商在230以上，牛顿的智商更是高达290！

一般来说，140以上者称为天才，智商120～140为最优秀，100、110、120为优秀，90～100为常才，80～90为次正常，70～80为临界正常（70以下的咱就不多说了）。

3. 门萨试题难吗

门萨测试卷一共有30题，需要在20分钟内答对23题，这样就算通过考试，换算成智商是148，也就是可以加入门萨俱乐部的标准。

为了去除语言障碍带来的影响，门萨的试题是不需要词汇理解的，全部都是图形单选题。

用我备考时使用的丹麦门萨模拟测试题为例：

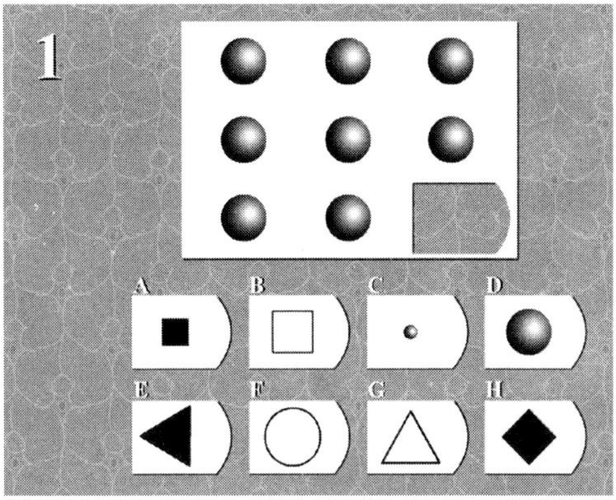

这道题很简单，答案就是D。

再加大一点儿难度：

答案是B。

还不过瘾？再来一个：

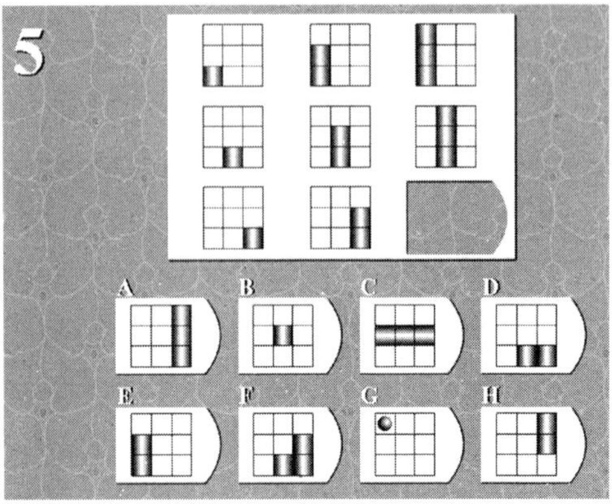

答案是A。

你看，门萨可能没有你想象中的那么难。

不过，真正的难题在文末哟。

4. 在国内哪里可以加入

门萨中国在广州设有办事处，并在北京、上海均设有考点。

门萨中国于2011年成立，先后被《鲁豫有约》等电视节目，以及《北京晚报》《中国日报》《中国新闻周刊》等传统媒体及网易等诸多主流媒体报道。有兴趣的话，各位也可以到网站报名。

考试周期一般为一个月一次。考试结果是绝对保密的，就算没通过，你只要别告诉别人就好。

5. 高智商的人有哪些特点

除了高智商外，门萨的会员可以说并无其他共同点。

就像MENSA的名字一样，门萨是一个平等的圆桌式社团，在这里没有地位的差别。在这个社团里，一切种族、国籍、年龄、政治教育和社会背景都是无关紧要的。

对于我来说，在门萨俱乐部可以接触到各行各业、性格各异的人。一般来说，在面对跟自己背景和职业迥然不同的人群，我都会担心话不投机；不过在门萨，大家对彼此的思考能力有一个认可的基础，这就让交流轻松了很多，跨越了人与人之间的人为障碍。

在这里面，没有智商的"鄙视链"，大家对每个发言的人都有起码的尊重，也不会有"我比你聪明，你什么也不懂"的想法。人类智力的深层和谐性给予了这个组织紧密的纽带。

6. 门萨日常活动有哪些

截至2019年，门萨在中国内地有会员近五百名，遍布全国二十多个城市，主要集中于京沪广等大城市，会员以金融、外贸、IT等行业居多。

高智商俱乐部和校友会、同乡会没有本质差别。所谓2%抱团取暖，物以类聚，人以群分。同时也提醒自己，周围有那么多高智商的人，不要太自以为是。

门萨的聚会主要是聚餐、棋牌、唱K、聊天，跟大家平时的娱乐消遣并没有太大的差别。只不过，每次都会有一些"任务"要考验大家的智商，甚至连聚会的地点，都是用谜语的形式给出，破译了密码的人才有机会找到正确的餐厅或酒吧。

7. 还有别的高智商俱乐部吗

在我入会后，很多人问我的考试成绩是多少。很遗憾地告诉大家，门萨只会告诉你是否通过，而不会告诉你具体考了多少分，也不会告诉你换算成智商到底是多少。

如果觉得148还不过瘾，想挑战更高难度的朋友们，还可以去了解一下全球其他与门萨比肩甚至要求高于门萨的高智商俱乐部。

"胜寒"，由世界智联子协会"ITTP Society"（与门萨同等级别门槛）及"DBC Society"（更高门槛级别）于2012年6月正式合并而成。

"胜寒"二字取自苏轼《水调歌头》"高处不胜寒"。"胜寒"是第一个面向全球汉语圈的高智商俱乐部。

百分之一学社（Top One Percent Society）。1989年7月由Ronald K. Hoeflin, Ph.D创立，百分之一学社用的是门萨的测试题，但只有测试成绩为TOP 1%的人才能入会。

还有天才诗人俱乐部（Poetic Genius Society）。由Greg Grove博士于1998年创立，宗旨是寻找高智商社区中有抱负的艺术家。

8. 智商高，一定代表成功机会更高吗

网上有人戏称，门萨俱乐部是高智商的人要交智商税（会费）。

虽然颇有些讽刺意味，不过这也引发了我的思考——高智商的人在成功的路上，是否有捷径？还是恰恰相反，要比别人走更远的路？

在投行的入职考试里，其中有一个考查"逻辑能力"的部分，就是用类似门萨考题的图形题。

与其说，门萨的题目对公司招聘有借鉴意义，不如说逻辑思维能力对于一个人在当今的社会中占有重要的地位。

从这个角度看，智商高的人的确有更大机会在竞争中脱颖而出。

然而，成功的要素并不仅仅是靠"天才"。

我自小就知道我的逻辑能力很强——这也许跟我爸爸带我去上了围棋课有关，也可能是遗传，没有人知道为什么。我小学六年级的时候，曾经被老师选拔出来，被当地的一所大学拿去做"大脑实验"。我记得很清楚，几个大学生给我装上脑电波，然后在我做题的时候，观察我脑电图的变化。我还依稀记得这些题目，就是类似门萨考题的图形题。

对于测试的结果和用途，我现在已无法追踪，但那是我第一次发现，在做逻辑图形题的时候，我从来不觉得是考试，而是一种享受。

但是，逻辑能力强，一定代表智商高吗？智商高，一定代表能够成功吗？

答案是否定的。

BBC未来频道作家大卫·罗伯森（David Robson）曾经写道："智

商高和能否成功之间不存在必然的联系。聪明不等于更好的人生，在最坏的情况下，它意味着你实际上更不容易满足。更高的智力并不等于更明智的决定。实际上，在某些事情上它可能令你的选择更愚蠢。”

我有一个大学同学，他的智商在我看来，绝对比我高出不止一个等级，不管是记忆力还是计算力，都远远在我之上。但他跟我说，他每天都过得很辛苦，感觉周围的人总是跟不上他的节奏，甚至听不懂他在说什么；他总是很着急，但无法用别人能听懂的方式表达出来……

他说他绝对没有看不起之意，这只是他的真实感受。

心理学家Alexander Penney研究发现：“那些智商更高的人有着更高的焦虑水平。如果发生了消极的事情，他们想得更多。”

一个人的成功，需要多方面的因素和能力，要有天时、地利、人和。更何况，每个人对于“成功”的定义都不同。在我看来，一个真正成功的人，是一个快乐的人——否则再多的金钱、地位或名气，你也无心享受。

一个人是否快乐，跟一个人是否有高智商，并无直接的联系。

甚至连海明威都说过：“聪明人的幸福感，是我们所知道的最罕见的东西。”

2004年，《纽约时报》的记者采访霍金时问：“您的智商是多少？”霍金用缓慢而睿智的声调，道出了一句名言：“拿智商吹牛者皆失败者。”

拥有高智商，并不是一个人吹嘘、炫耀的资本。

高智商并不代表所有方面都优越，也不能代表更多的智慧。只有将聪明用在正确的地方，才能在成功的道路上走得更远。

在我看来，它只是一个考试结果。当然，我对这个结果甚是满意。

最后，跟大家分享几个高难度的丹麦门萨模拟试题：

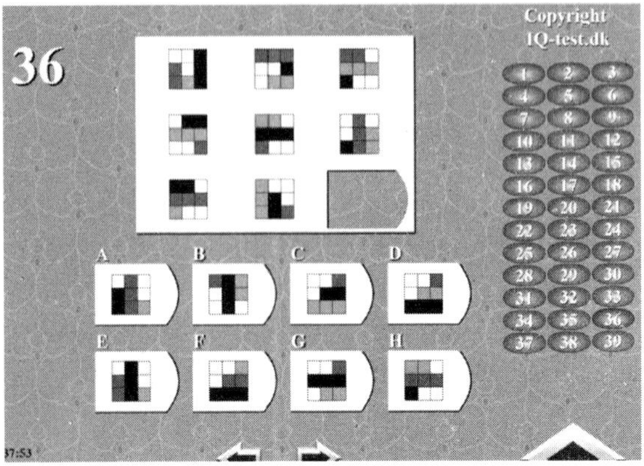
36
Copyright
IQ-test.dk
A
B
C
D
E
F
G
H
37:53

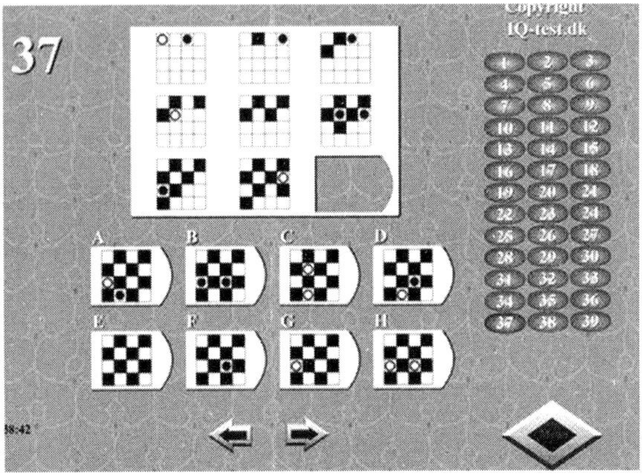
37
IQ-test.dk
A
B
C
D
E
F
G
H
38:42

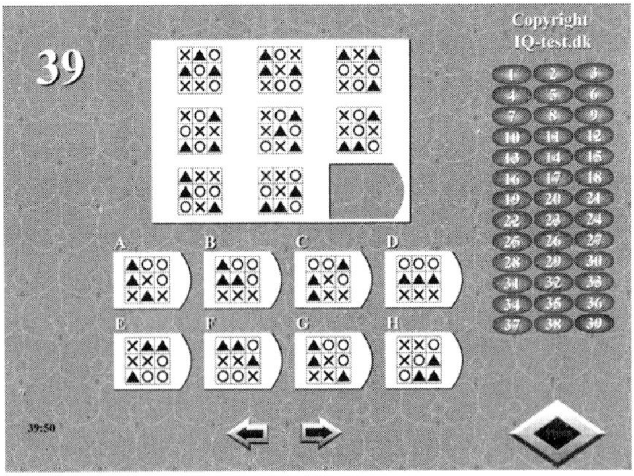
39
Copyright
IQ-test.dk
A
B
C
D
E
F
G
H
39:50

如果这几道题你都不费吹灰之力做出来了，那还等什么，赶紧报名考试吧！

资料来源：中国门萨官网，丹麦门萨模拟试题，中国胜寒俱乐部官网

香港小姐：比投行更辛苦的是选美

大家有没有发现，很多女明星们谈到早年经历的时候，都是千篇一律的“我小时候非常害羞”“我从小就觉得自己不漂亮，没有自信”“陪朋友去面试，自己却被选中签约”的讲述。

这些都是真的吗?

不管是真是假，我相信她们没有告诉你的是，她们在害羞的同时也有强烈的表现欲；在觉得自己不漂亮没有自信的同时，也有对灰姑娘、丑小鸭华丽蜕变的向往；陪朋友去面试时，心里抱着自己能被发掘的小心思。哪一个报名参加选美的人，心底不是有一股要赢的劲儿，不是觉得自己是美的?

当然，除了我。

1

我参选香港小姐实属偶然。

当时我刚刚跳槽，新公司报道之前有三个月的带薪假期，休假期间突然变得非常空闲（投行的规矩是，如果跳槽到竞争对手公司的话，需要休三个月的带薪假期才能正式开始上班）。一次跟投行的朋友相约到湾仔小酌，席间来了个朋友的朋友，是个身材娇小、气质特别的漂亮女生。我们聊了很多话题，非常投机，到楼下等出租车的时候还意犹未尽。

第二天，朋友发来一条八卦媒体的链接，没想到昨晚我们等车被狗仔队拍下来了！这个时候我才知道，昨晚那个谈吐不凡的女生，原来是2009年的香港小姐冠军——刘倩婷。也许是同样在投行的经历，让我跟她拉近了距离。再一次出来吃饭，在电梯里她突然半开玩笑半认真地问我：“你要不要试一下选港姐？”当时我连连摆手：“怎么可能，我连广东话都不会说。”

很巧的是，当年TVB开放了对选手身份的要求，就算不是香港永久居民，也可以参选。于是，我操着一口不咸不淡的广东话，成为当年香港小姐的决赛十四强，并被选为“评委心目中Top 5”和“最佳珠宝演绎奖”。

但因为私人原因，最终我决定不跟TVB签约。决赛之后的第二天，我就回到中环，在新公司开始了投行的工作。

2

历时三个月的选美经历，让我接触到了娱乐圈的各种“潜规则”：

首先体力要好。

我没有想到的是，选美竟然比投行更是一门体力活！

第一次见到通告上的收工时间是“27点”时我很不解，一天不是只有24个小时吗？后来我才知道，原来27的意思是凌晨3点！睡眠严重不足成了那几个月的常态。

每年的香港小姐竞选期间都有外景拍摄环节，我们是在宝岛台湾。在台湾十多天，我们马不停蹄地奔赴一个又一个景点，台北故宫博物院、士林夜市、日月潭、垦丁、高雄、新竹、台南古迹，再返回环岛。为了能在没有游客的时候拍摄，往往要赶在景点早上开放之前，或者晚上关门之后。每天的拍摄，基本都在半夜才结束，而第二天的拍摄往往在三四个小时后又开始了。

这样的苦日子是日常。在车上坐着睡觉，或是在化妆做头发的时候打盹儿，都是司空见惯的事。休息不够不说，我还要以非母语的广东话记台词，而台词都是介绍台湾风土人情和历史文化的生僻字眼儿，对脑力和体力都是极大的挑战。那时候，我居然练就了在任何时间任何地点，给我一把椅子就可以睡着、给我一个镜头就可以立刻醒过来并微笑的绝活。

而阿里山则是苦中之苦。到达阿里山那天，山下是38摄氏度的高温。我们沿路上山，边爬边拍。其中一个镜头，我要悬坐在一棵树枝上，摆出高难度姿势，并面对镜头做出“心旷神怡”的表情。拍摄过程中，我感觉到背后的汗一直淋浴般往下流，腋下也开始浸湿，屁股也在粗糙的树皮上磨得生疼，脸就像在桑拿房里不停冒水珠，每隔几分钟就需要补妆。更可怕的是，周围各种飞的、爬的虫开始对我袭击。估计无论我怎么努力，也做不出导演要求的开心表情。一个预计播放仅十秒的镜头，硬是让我在这条树枝上，痛苦支持了一个多小时。

而到最后剪辑出来，预计的十秒变成了一秒。原因是，我的脸因为不可控因素在镜头里变得油光满面。

越往山顶走天气越凉爽。到山顶的时候已经半夜11点半，我照常以十分钟内搞定卸妆、洗头、洗澡、刷牙、吹干的速度跳上了床，秒睡。大概两小时后，我不知道是被冻醒了，还是被窗外的雷声吵醒了。此时也到了我们的起床时间（没错，只睡了两小时）。一出门，我发现山顶出现狂风暴雨的恶劣天气，气温已经急剧下降到零下10摄氏度！虽然工作人员马上拿出了一早给我们准备的厚棉衣和雨伞，但我还是在寒风暴雨中，一边瑟瑟发抖，一边拍。

在下山的途中，我突然格外愉悦。我跟自己说，在经历了阿里山一天之内近50摄氏度的温差，经历了痛苦的虫咬和狂风骤雨，经历了身上不是汗水就是雨水的洗礼，我以后再也不怕苦了。

其次，内心要强大。

作为公众人物，得到鲜花的同时，也必然会被砸鸡蛋。

如果你是大热，肯定人红是非多——媒体会挖出你的陈年旧照，找到一张没化妆的就说整容了，找到与年轻异性朋友的合照就说傍富二代了，找到与年长一点儿的合照就说认干爹了。穿着光鲜说你追求名牌，穿着朴素又说你“娘味十足”（广东话里老土的意思）。跟其他候选佳丽走得近说是装模作样，走得不近又说人缘不好。

如果不是大热，媒体又会说你“陪跑”，是其他佳丽的陪衬，说你是“猪扒港姐”（猪扒在广东话里代指丑女）。

就算你对媒体和大众的评论都可以一笑了之，选到最后，第一名永远只有一个。落选者，不管怎么说，都是输了。你是否能过得了自己这一关，承认失败?

而以上的种种，对我来说，都不如第一次泳装见记者更加崩溃。记得是在垦丁，虽然已经做好各种防范措施，自己的体重也达到人生最低水平，我脑海中依然无法停止想象明天的八卦新闻标题“××泳衣走光”“××虎背熊腰”“××皮肤粗糙”……

快轮到我上场的时候，我突然紧张到失控，在后台失声大哭，怎么也不愿意往前挪一步。虽然穿着泳衣，但感觉就像完全在公众面前暴露了自己，稍有闪失，就会成为笑话在网络上疯传；而任何东西一旦传到网络上，就再也收不回来了，以后永远都会有别有用心之人搜到你出丑的照片，当作茶余饭后的谈资。

最终，我克服了心理障碍，调整好情绪，面带微笑地走到了记者们面前；最终，第二天的报道没有任何我的负面新闻。我长舒了一口气的同时，再次感受到娱乐圈的不易。我还只是参选三个月，但多少人要用漫长的年月来实现自己的梦想？他们需要承受的心理压力，真的难以想象。

所以在参选之前，一定问清楚自己，是否有强大的内心，可以抵抗来自媒体的评论，舆论的攻击，落选的挫败，以及在大众面前曝光自己的考验。

最后，能赢的一定是最想赢的。

选美真的是个非常公平的比赛。

你一定会问，怎么可能？肯定有内幕吧？不否认，娱乐圈可能会有内幕——当然在TVB我并没有经历过。但是其公平的地方，就在于，你有多么想要赢，你就会愿意付出多少；而你的付出，终将得到回报。

一个铁了心要成功的人，必定提前做好了准备工作。从物色提名人开始，到入选，到搞定公司上下各路角色——服装师、排舞老师、化妆师、发型师、助理、保姆。如果没有这些关系怎么办？你也可以一早就在这个圈子进行边缘活动，做做主持人、模特、KOL。就算再不济，上上形体课，练习优美的仪态，对着镜子寻找自己最美的角度，帮助自己更好地在镜头前表现。

你如果真的想赢，就会用尽一切办法去赢。

3

既然把选美说得那么可怕，为什么还有那么多女孩儿对其趋之若鹜？

首先，为了证明自己“美丽与智慧兼具”。

爱美之心人皆有之。我问过很多朋友，当初是怎么想到选港姐的。她们大部分都说，从小在心中就有这个根深蒂固的想法。

香港小姐一直以来都以“美丽与智慧兼具”为主旨，很多家喻户晓的影视红星、艺人都从香港小姐这个平台而为人知晓。能够站在这个舞台上展现自己，是很多女孩儿从小的梦想。无论最后是成名还是落选，这个经历都是不可替代的，也不是每个人都能有机会得到的。

其次，这的确是进入娱乐圈、迅速成名的捷径。

一般来说，入围佳丽都拥有与电视台签约的机会，在赛后开始演艺生涯。出名的例子有亚洲小姐杨恭如，中华小姐黄橙子，香港小姐更是数不胜数，有赵雅芝、李嘉欣、袁咏仪、张曼玉、蔡少芬、周海媚，等等。

相比而言，其他途径需要更长时间的磨砺，比如考入艺人训练班，再通过上综艺节目、做路人甲，熬很多年才能有朝一日成名。我最喜欢的“喜剧之王”周星驰，在TVB跑龙套的生涯长达8年之久，在一些电视剧集中只出现几个镜头，有的甚至刚一露脸就被“灭掉”了。他坚持不懈，最终从“星仔”晋级为“星爷”，但更多的人是一辈子默默无闻地跑龙套。

通过选美可以迅速得到关注，迅速成为主角，少走许多弯路。

再次，开阔眼界，接触娱乐圈前辈。

通过选美，我还接触到了众多有名的娱乐圈前辈。那些我从小视为偶像的艺人，突然跟自己同框在电视上出现，感觉真的非常奇妙。

周慧敏小姐和陈豪先生是我那一届的评判。周慧敏小姐保养得非常好，皮肤白皙，还是那么甜美。陈豪非常高大，很有绅士风度，我那天穿了十五厘米的高跟鞋，还是只到他的肩膀。

记得第一次见评判的时候，我们每个人都会接受他们的提问。当时陈豪问我：“你参选香港小姐，家人支持吗？”我回答：“当然支持。我长得像爸爸，知道我入选之后，爸爸很自信地说如果他年轻三十岁，也可以来参选香港先生了！”所有的评判听了都哈哈大笑。

最后，通过公众人物的身份，增加社会影响力。

选美期间，我利用私人时间与朋友到海滩拾垃圾。

当晚我将照片发到博客上，呼吁大家爱惜香港的自然环境，到海滩玩耍临走的时候记得要把垃圾一起带走。立马收到很多粉丝留言，有的称赞我保护环境，有的惊呼没有想到海滩污染这么严重，有的说要参与进来，下次带上宝宝一起到海滩捡垃圾。

原来作为公众人物，可以有这么大的号召力。以一己之力让大众关注到重要的话题，是一件特别有成就感的事情。

4

香港小姐竞选一直以来的标准是“美丽与智慧兼具”。参选过程中我学习了媒体行业的台前幕后知识，了解到做艺人和公众人物的酸甜苦辣，收获了粉丝团。我意识到人生可以有多种可能性：除了做“学霸”之外，我原来还可以做“女神”。同时我对自己有了更加深刻的认识，知道究竟怎样的职业最适合自己。

我想真正的潜规则，是在充分了解和权衡娱乐圈的利与弊之后，依旧非常肯定这是你想要走的路，然后全力以赴去做你想做的事情。

如果你没有赢，只能说明有人比你更想赢。这不仅是选美的潜规则，也是做任何事情的规则。

最后以赫本女神的经典语录结束：

女人的美丽不是表面的，应该是她的精神层面，是她的关怀、她的爱心以及她的热情。

声明：强烈提醒各位有心参加选美的女孩儿们，一定要参加正规合法机构组织的选美活动。

二胎妈妈：我遇见了更好的自己

非常感恩，这些年我拥有了一些看上去很闪亮的标签。而对于我来说，最重要的一个标签，就是母亲。

养育幼小的生命，实在是一件责任重大的事情。每次想到，自己的一言一行、一个眼神，可能就会在还是一张白纸的孩子心里画上一笔，我就觉得每天如履薄冰。

我听过最感动的一段话是，每个孩子都是小天使，因为爱上了自己的妈妈，而选择成为她的孩子。的确，孩子们的到来，让我每天都充满了动力去做得更好；也因为他们，我发现了很多曾经忽略的生活真谛。

1. 首先，我们每个人（尤其是女人），绝对是极具潜力的个体

毫不夸张地说，我人生第一次住院就是生宝宝。

从小没有经历过太多病痛的我，身体素质还算良好。第一次进产房之前，我虽然在脑海中演练了无数次生产的情景，也上了很多准妈妈的课程，但在经历了阵痛之后终于听到宝宝的第一声哭声的时候，我还是感动得流下眼泪。

生命真的是一个奇迹！

不过，我还来不及享受太多初为人母的喜悦，就开始了艰难的母乳之路。在医院产房旁边，设立了新手妈妈们哺乳室。生产完二十四小时不到，我就被护士连哄带逼地搀扶到哺乳室内，也顾不上害羞，就在众目睽睽之下开始给初生宝宝哺乳。新生儿的胃特别小，吃不了几口就饱了；但消化也特别快，每隔三小时就要喂一次，不分昼夜。每次宝宝饿了哭了，

护士们就会进房间通知我，并“监督”我走到哺乳室。这份经历，让我觉得之前在投行或选美时期的熬夜种种，都是浮云。

人的韧性很大，这是我之前没有想到的——一个女人在经历了如此大型的手术之后，不到二十四小时，就开始喂奶这种体力活；还来不及照顾自己的伤口，就开始照顾嗷嗷待哺的宝宝，连睡一个整觉的机会都没有。

很多同期生宝宝的“战友”，刚刚经历剖宫产，还插着止痛泵，照样是按着腹部的伤口、一瘸一拐地“挪”到哺乳室。

当然，因为孩子的到来，我的生活也“被迫”发生了很多正面的变化：我更加自律了；我的时间管理能力更强——我孜孜不倦地寻找做每一件事的最高效方法；以前加班不吃饭是常有的事，现在我非常注重均衡饮食，毕竟我吃下去的东西，会成为奶水喂给宝宝；以前我提个手包逛街都觉得累；现在要我抱起十几斤的孩子哄个一小时，都不在话下。

甚至我每次生病，第一个想到的不是自己看医生，而是，今天宝宝放学谁去接呀？

成为母亲，让我看到了一个人的无限潜能。把每一件事情都做到极致，push your own limits挑战你的极限。你会发现，你真的可以超越曾经的自己。

2. 家人是如此重要

在这里要郑重感谢我的爸爸妈妈和我的老爷奶奶（广东话里的公公婆婆）。正是因为你们无尽的支持，我和先生才能够继续追求我们热爱的事业。你们给予我们生命，给予我们无条件的爱。现在又将这份爱无条件地倾注到我们的下一代身上。

尤其是在最紧急的时刻，你们守在孩子身边，寸步不离，一家人共渡难关。

也感谢孩子的到来，让父母们能够享受天伦之乐，也让我更加珍惜与父母们相处的时光。

家，永远是我们的避风港。

3. 每个人，都是独一无二的

一转眼，我的宝宝们已经到了上学的年纪。

在开学第一天的家长会上，校长说了这样一段话，让我印象深刻。她说："现在的家长总是特别焦虑，担心自己的孩子不如'别人家的孩子'。在家长眼里，似乎别人的孩子全是优点，自己的孩子总是很多不足。但是，拿自己的缺点去比较别人的优点，这公平吗？

"有这样一段视频：刚开学的时候，老师在教室前面对着孩子们唱歌跳舞。这个时候，孩子们一般分为两拨：一种是立即冲到老师身边，跟着老师的动作尽情地摇摆；另一种是坐在稍微外围的一圈，目不转睛地盯着老师的一举一动。谁能说出，到底是哪一拨孩子更聪明，哪一拨孩子将来会更有作为呢？"

校长轻松地解答了大家，"第一种孩子绝对是能歌善舞的大明星，第二种孩子绝对是心思审慎的超级学霸！"

世界一下子豁然开朗。

每个孩子都有自己的性格特点。接受孩子的与众不同，把精力更多地放在孩子的优点上，那么每一个孩子都能够成为明星、学霸。

大家都听过《龟兔赛跑》的故事。故事原意是教育大家，不要像小兔子一样，因为骄傲轻敌而输给乌龟。但最近我有一层新的体会，那就是：为什么要让强项并不是跑步的乌龟，来跟赛跑冠军兔子比赛呢？乌龟擅长游泳，兔子擅长跑步，小鸟擅长飞翔，大自然赋予每个生命个体与生俱来的能力。

好像我家的大宝和小宝，绝对是两个性格和爱好迥异的个体。大宝性格严谨，做事专注，喜欢先观察，有把握后再行动；小宝则喜欢立刻行动，社交能力很强，在陌生的环境里很快就跟别人打成一团。大宝观察事物特别细致，第一次跟大宝读绘本《小蝌蚪找妈妈》，大宝很快就指出："咦？为什么这个宝宝长得和妈咪不一样？"小宝则很擅长交朋友，第一天上幼儿园就东张西望，课程中途还跑到老师的身边，小小的个子就要帮老师搬魔术盒。

我从来不去比较他们哪个更优秀。我发自内心地认为，我的孩子们每一个都具有极大的潜力，他们各有千秋，将来都一定能够通过努力去实现自己的梦想。我想，教育的目的，是去发掘一个人的长处，并为其提供良好的环境，使他的潜力得到最大的发挥。而不是去拿自己的短处，去比较他人的长处。

我们北大同学有一个“娃奴群”，大家经常在里面分享带娃经，偶尔也有同学玩笑式地抱怨，说怎么孩子没有遗传自己的学霸基因，每天都怀疑孩子是不是亲生的。

前段时间，群里分享了公众号“九边”的《承认平庸可能才是进步的第一步》一文。文章用“均值回归”和很多科学的论证来解释，天才父母生出来的孩子，依然是天才的概率比其他人只是高了一点点。也就是说，我们大部分人依然是普通人。

其中让我印象最深刻的一段，是作者的一对夫妻朋友，博士毕业直接留校的学霸，因为孩子的成绩苦闷了很久，但最终接受了“自己的娃不是笨，只是普通”的事实。从此他们专注培养孩子的基本品格，比如做事认真、有始有终等，而不是再去逼孩子达成家长自己的目标。

很多时候父母把太多的期望施加在孩子身上，完全忽略了孩子的状态；按照自己的想法硬塞给孩子太多，完全忽略了孩子是否能接住。

当然，尊重孩子的个性，并不代表放纵。认识自我，接受自我，才能更好地因材施教，更好地实现进步。放在成人的世界，也完全适用。

4. 孩子眼中的世界，总是很新奇

我的小区里有很多宝宝，天气好的时候大家会带娃在楼下散步。据我观察，陪伴的大人们总是习惯性地刷手机，时不时抬眼看看娃。

宝宝们却不同，他们会在同一个院子里，发现诸多新鲜神奇的事物——比如花丛里的流浪猫，地上搬家的蚂蚁，花丛中的蝴蝶，树枝上的石榴和偶尔飞下来觅食的麻雀。

他们会发现，秋天的时候，地上有落叶，还会有桂花飘香。他们还会发现，在每天不同的时刻，太阳照射下来的不同方向。这些我们大人习以为常的事物，在孩子的眼中，都是新奇的、特别的。

有一天，我也放下手中的电子产品，跟着孩子们一起感受周围环境。我竟然也会看到很多我平时忽略的、觉得司空见惯的东西。我发现大自然的很多奥妙，到现在我自己都没有答案，回家后赶紧跟孩子们一起查看百科全书。

又有一次，我的爸爸给小宝买了一个吹泡泡机。小宝玩了一会儿以后，就把盖子打开，把里面的泡泡水倒出来。在大人眼中，这绝对是不乖的行为。刚要批评的时候，我想了想，决定先问问小宝，外公特意给你买了一个泡泡机玩儿，为什么要弄坏呢?

小宝用不太流利的语言表达了，我想看看里面是什么——是什么变成了泡泡。

我们以为孩子在调皮捣蛋，其实他们在探索这个世界，在了解这个世界如何运转，并试图用他们的方式去改造这个世界。

爱因斯坦曾说："我们思想的发展，在某种意义上常常来源于好奇心。"

孩子用双眼来看世界，用心来感受这个世界。如果我们成年人也有跟孩子一样的好奇心、动手力和创造力，也许这个世界会比现在还要进步更多。

5. 玩耍本身就是一种学习

前段时间去上海迪士尼，大宝突然问我："妈咪，为什么每个公主的裙子都不一样?"看似简单甚至有点无聊的问题，里面藏着很大的学问：首先，大宝知道这些穿着裙子的叫"公主"。其次，大宝观察到了每个公主的不同。

于是我就顺着往下说："每个公主的裙子有哪些不同的颜色?每个公主叫什么名字，然后你能够将公主的名字和裙子的颜色配对吗?"迪士尼的公主经常出现的起码也有六个吧?六个公主六条裙子，这样排列组合，谁敢说这对于一个三岁小孩子来讲，不是一个集艺术、算数和逻辑思维为一体的大脑风暴呢?

在日常生活中学习，不要将"玩耍"和"学习"分开。在玩耍中学习，可能是学习的最高境界了。

又比如下雨天过后，我会给孩子们穿上雨靴，到花园里让他们尽情跳泥坑。说实话，一开始是为了模仿小猪佩奇，我觉得又脏又浪费时间，回家还要帮他们清洁。后来我意识到，这可以帮助孩子们认识大自然的规律——原来下雨了才会有水坑，晴天却没有；水坑不是满花园都有，要去寻找到地面比较低洼的地方才会有；跳水坑要穿雨靴，这样才能让我们的双脚不被弄湿……最重要的是，他们玩得很开心！他们充满求知欲地探索着这个世界，并乐在其中！

我们成人也是如此。

不是说高考结束了，就停止学习了；不是说我们专业牌照考到了，就不需要再读书了。只要你想，随时随地都可以学到新的知识。

学习是一个终身的旅程。

6. 全人类的事，都成了我的头等大事

做了母亲之后，很多以前觉得“漠不相关”的事情，都成了息息相关的重大事件——环境污染和气候变化，食品安全，哪里暴发了疫情、战争等，都成了我最关心的话题。

比如食品安全。大家都说要吃有机食品，那么究竟何为有机？如何识别有机产品？哪里能买到有机产品？于是我学会了食品安全的四个级别——无公害农业、绿色农业、有机农业和生命农业，学会了抗生素、农药、激素遗留的危害，学会了如何挑选蔬菜，如何辨识有机食物的商标，甚至到现在，我尝一下味道就基本能辨别出是否是绿色的食品。

又比如，环境保护。大家都说要环保，好莱坞明星个个都倡导环保，连小李子在2016年终于获得“奥斯卡最佳男主角”时，获奖感言都是他的环保宣言：“我们需要认识到这是个特殊的历史时代，超越了地区、政府、国家的界限，取决于我们这一代人是否可以抓住机遇，开始关心环境问题，并行动起来创造奇迹。如果我们没有这样做，那么就要面对下一代人做出回答，并成为历史上最受谴责的一代人。”

当我在看电影《星际穿越》时，我会确切地想，如果人类的未来真

的变成一片沙尘的世界，我们的下一代应该如何生存？于是我学会了垃圾分类，我学会了如何“断、离、舍”不过度消费，如何挑选绿色环保的用品、服饰、家居。现在的我，上街一定自带环保杯，衣服能租就不买，去机场都用自己的环保咖啡杯打星巴克。

每当收到“Save the Children”或是“Unicef”发来的信件，说这个世界哪里又有孩子因为战争或自然灾害受到生命威胁的时候，我就心如刀割。我资助了两个非洲的孩子。其实对于很多人来说，每个月少买一支唇膏、少吃一顿大餐的钱，就可以为这些孩子带来维持生命所需的水、食物和预防针。虽然我从来没有真正见过这两个孩子，但他们每次远隔重洋寄给我的画和手工作品，都能让我兴奋到一个晚上都睡不着。

每一天，我都努力想要成为更好的自己，让我的孩子们看到一个努力的、积极的、充满了爱的妈妈。每一天，我都想要为这个世界做些什么，哪怕是减少一次非必需品的购买，或是走路上班、绿色出行，又或是借助公众人物的影响力让更多人关注这些重要话题，都让我因为尽了一份薄力而快乐不已。

我真心地希望，当下一代的孩子们长大之后，能够在一个健康、安全、和谐的世界里，自由地奔跑，勇敢地追逐自己的梦想。

7. 人性本来的光辉和美好

人之初，性本善。

一次我带大宝去室内游乐场，有两个电动坐骑，一只小象，一只长颈鹿。我说：“宝宝你选一个上去玩儿吧。”大宝环绕了两只小动物一周，然后跟我说：“我骑小象吧。”我问：“为什么选小象呢？”大宝说：“长颈鹿的尾巴掉了，肯定很痛的。”我到后面看了一下，原来长颈鹿的尾巴已经被磨损了。当时的我真的被这个小宝贝触动了。

小宝还在不太能用语言表达的年龄。有一次在街上看到一个大概6岁小朋友摔了一跤，小宝想也没想就冲过去一下子抱住了对方，试图帮助一个比自己高大许多的小朋友。可想而知，小宝自己也坐在了地上。但是小宝完全没有放弃，很快站起来，继续想要帮助跌倒的小朋友。孩子表现出来的强大的同理心和爱心，让很多在场的成年人都觉得自愧不如。

在孩子的世界里，没有穷富、贵贱、种族之分。从他们身上，我看到了人性最初的光辉和善良。

回过头想想，我们每一个成年人，在若干年前也都是这样的单纯而清澈。

我很喜欢的一句英文：

The nights are long, but the years are short. 带孩子的夜晚虽然漫长，但孩子们的成长又仿佛是一瞬间。

我感谢我的孩子们，选择我而不是别人来做他们的母亲，让我能够拥有这么多正面的想法和行动，并坚持做那些我认为正确的事情。每天晚上我都会祈祷，希望孩子们能够成为独立而真诚的人，并通过自己的努力让这个世界更美好。

悄悄地告诉正在读这本书的你，我对自己的祈祷，也是一样的。

当儿童的世界慢慢长大，就有了成人的故事。

但愿我们每个成人心中，依然还住着美丽的童话。

人生赢家的定义从来不是你比别人得到的更多，而是你在这个世界上是否为自己和他人创造了更多的价值。